从新手到高手

Photoshop 网页设计与配色从新手到高手

张帆 陈英杰 刘洋 / 编著

U0232988

清华大学出版社
北京

内容简介

本书以网页平面设计及配色训练为目的，培养读者用 Photoshop 制作网页的专业技能。本书从初步的理论认识和设计知识的角度逐步把读者引导到网页配色的知识海洋之中，通过 Photoshop 的相关制作工具的学习，以及多个网页元素、字体设计、网页配色与页面版式设计和合成，了解每个设计知识的难点，教会读者在不同的环境、不同的场合设计中运用不同的配色原理，为今后的设计创作打下良好的基础。另外，本书赠送 PPT 课件、所有实例的视频教学、案例素材以及海量学习资源等。

本书适合网页设计师、专业 UI 设计师，以及从事平面设计、广告设计的人员学习参考，还可作为各类计算机培训学校、大中专院校的教学辅导用书。

图书在版编目（CIP）数据

Photoshop网页设计与配色从新手到高手 / 张帆，陈英杰，刘洋主编. —北京：清华大学出版社，2023.3
（从新手到高手）
ISBN 978-7-302-62995-5

Ⅰ.①P… Ⅱ.①张… ②陈… ③刘… Ⅲ.①图像处理软件 Ⅳ.①TP391.413

中国国家版本馆CIP数据核字（2023）第040059号

责任编辑：张　敏
封面设计：郭二鹏
责任校对：胡伟民
责任印制：朱雨萌

出版发行：清华大学出版社
　　　网　　　　　址：http://www.tup.com.cn，http://www.wqbook.com
　　　地　　　　　址：北京清华大学学研大厦A座　　　邮　　编：100084
　　　社　总　　机：010-83470000　　　邮　　购：010-62786544
　　　投稿与读者服务：010-62776969，c-service@tup.tsinghua.edu.cn
　　　质　量　反　馈：010-62772015，zhiliang@tup.tsinghua.edu.cn
　　　课　件　下　载：http://www.tup.com.cn，010-83470236
印　装　者：北京博海升彩色印刷有限公司
经　　　销：全国新华书店
开　　　本：185mm×260mm　　　印　　张：15　　　字　　数：445千字
版　　　次：2023年5月第1版　　　印　　次：2023年5月第1次印刷
定　　　价：99.00元

产品编号：097657-01

前言

网页设计与配色是"视觉表达"的一门重要的学科。色彩搭配结合了心理学和设计美学，对于网页美工来讲应该设计在先，制作在后。本书结合色彩搭配理论进行网页设计，对于广大平面设计师起到一定的引导作用。随着视觉品位及硬件技术的进步，网页配色设计作为一门交叉性的学科，在现代设计中显示了它惊人的力量。在人们的生存空间中，现代色彩设计已深入每个角落。网页设计不仅仅体现在网页的色彩搭配，还触及各行各业，如城市规划、视觉传达设计、交通系统设计、工业设计、环境艺术设计、会展设计、建筑设计、景观设计、公共艺术设计、舞美设计、家具设计、动画设计等在网页中的视觉展示。色彩在人的视觉中最敏感，它常常被称为"设计的第一视觉语言符号"。不同的色彩能触动人类不同的情感及联想。

在设计基础等基础课程的教学中，我们不仅要培养学生良好的色彩感觉，并且还要求学生掌握理性配色知识，不停地去研究和揭示配色现象，不断地开发配色表现的可能性，不断地总结其规律，揭示配色表现的奥秘，极大限度地发挥设计色彩的表现力，将配色知识灵活运用于设计创作之中，这将是一个循序渐进、自然融合的过程。网页平面设计中色彩之间的组合搭配具有一定的复杂性。本书通过讲述配色的形成、要素、规律等知识，着重讲解色彩配色的实际运用规律，并且，在图例的选取上特别考虑了平面构成设计课程的专业特点，针对刚进入设计类专业的学生，以提高其素质和能力的目的，使其初步掌握色彩的基本理论，从而学会欣赏及运用色彩，以打好扎实基础，并培养实践能力。

本书以网页平面设计及色彩配色训练为目的，培养读者丰富的感性知识和理性的专业知识。本书中的百余幅图片均是作者从世界优秀网页作品中精选出来的。通过本书的学习，培养引导读者通过图片的浏览去了解色彩配色的主要内容，强化对视觉心理的分析能力，把握处理设计图形与色彩心理表现之间关系的能力，发挥读者的视觉审美能力和艺术鉴赏能力。本书旨在通过图片培养读者的实际操作能力，将理论与实际相结合，注重读者的思维、方法、技能的多向性及创造性思维的培养，获得知识和能力同步发展。本书从初步的理论认识和设计知识的角度逐步把读者引导到色彩设计配色的知识海洋之中。如果想了解相关的网页色彩设计配色知识，也可以从书中的文字内容，了解每个色彩设计知识的难点。本书将教会读者在不同的环境、不同的场合设计中运用不同的配色原理，为今后的设计创作带来一些借鉴及参考。

本书赠送所有实例的视频教学、案例素材和最终效果文件，《多色配色宝典》和《协调色配色宝典》电子书，以及海量设计资源（包括画笔库、形象库、渐变库、样式库、动作库等），读者扫描下方二维码填写相关基本信息后即可获取相关资源。

视频和其他资源

素材源文件和 PPT 课件

本书不仅内容丰富精彩，而且极富学习性。本书适合网页设计师、专业 UI 设计师，以及从事平面设计、广告设计的人员学习参考。

本书由沈阳化工大学工业与艺术设计系张帆（负责编写 1～4 章）、陈英杰（负责编写 5～7 章）和刘洋（负责编写 8～10 章）老师编写。

作者

2022 年 12 月

目录

网页的界面设计是指对网站页面的人机交互、操作逻辑、界面美观的整体设计。好的界面设计不仅要让页面变得有个性有品位，还要让页面的操作变得舒适、简单、自由，充分体现页面的定位和特点。

1.1 了解网页界面设计

我们要想真正进入网页界面的领域中，就必须要弄清楚网页的功能和布局。网站需要给用户一个清晰的层次结构，这样才能够让用户在浏览网站时不会迷路。清晰的层次结构可以使网站呈现给用户更加简明、便捷的访问方式，让用户更快捷地找到自己需要的东西，从而改善网站的用户浏览体验。

网页界面就是在用户使用工具完成任务的过程中，所做的操作以及工具响应的总和。网页界面也叫用户界面，所以用户界面设计，不仅要考虑如何摆放按钮和菜单，还要考虑程序、设备与用户如何互动。但是由于用户看不到隐藏在背后的代码，所以界面就代表了产品的全部。因此，比较科学的做法就是先设计界面，再做代码。图 1-1 和图 1-2 所示为一些优秀的网页设计。

图 1-1

图 1-2

1.2 了解网站页面布局

　　网页布局结构的标准是信息架构。信息架构是指依据最普遍、最常见的原则和标准对网站界面中的内容进行分类整理、确立标记体系和导航系统、实现网站内容的结构化，从而便于浏览者更加方便、迅速地找到需要的信息。因此，信息架构是确立网页布局结构最重要的参考标准。

1.2.1　网站页面布局的目的

　　信息架构的原则标准和目的大致可以分为两类：一种是对信息进行分类，使其系统化、结构化，以便于浏览者简捷、快速地了解各种信息，类似于按照种类和价位来区分商品一样；另一种是重要的信息优先提供，也就是说按照不同的时期着重提供可以吸引浏览者注意力的信息，从而引起浏览者的关注。

1.2.2 网站页面布局的原则

网页布局的原则包括协调、一致、流动、均衡、强调等。另外，在进行网页布局的设计时，需要考虑到网站页面的醒目性、创造性、造型性、可读性和明快性等因素。

1.3 根据整体内容位置决定的网页视觉布局

在设计网页布局时，根据页面的排列方式和布局的不同，每个位置的重要程度也不同，最重要的就是把页面中内容的排列顺序考虑好。因此，如果使用左侧排列方式，则将网页的标志放置在左侧上方；如果选择水平居中的排列方式，则将网站的标志放置在页面中间的上方位置。

1.3.1 PC 网页界面布局分类

1. 满屏式页面布局

满屏布局的页面结构简单、视觉流程清晰，便于用户快速定位，但由于页面的排版方式的限制，只适用于信息量小、目的比较集中或者相对比较独立的网站，如图 1-3 所示。

图 1-3

2. 两栏式页面布局

相对于满屏式页面布局，两栏可以容纳更多的内容；相对于三栏式页面布局，两栏式的信息不至于过度拥挤和凌乱，但是两栏式不具备满屏式页面布局的视觉冲击力和三栏式页面布局超大信息量的优点，如图 1-4 所示。

图 1-4

3. 多框架页面布局

多框架的页面布局方式对于内容的排版更加紧凑，可以更加充分地运用网站的空间，尽量多地显示信息内容，增加信息的密集性，常见于信息量非常丰富的网站，如门户网站或电商网站的首页，如图 1-5 所示。

图 1-5

1.3.2　手机网页界面布局分类

手机网页界面的分类有以下 6 种方式。

1. 平铺成条

以长条的形式横向平铺。横向界面分类给人一种简洁的印象，让操作更简单，分类更明晰。虽然这种横向平铺的构图从艺术角度讲有点呆板，但在 App 用户界面（UI）里却是最常用的，也是让用户更易操作的常用界面分类方式，如图 1-6 所示。

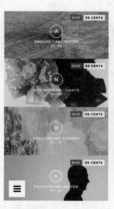

图 1-6

2. 九宫格

以九宫格的方式进行网格式横向和纵向排列。九宫格界面分类是最为常见、最基本的构图方法。如果把画面当作一个有边框的面积，把左、右、上、下四个边都分成三等分，然后用直线把这些对应的点连起来，画面中就构成一个井字，画面面积分成相等的九个方格，井字的四个交叉点就是趣味中心，如图 1-7 所示。

3. 大图滑动

以一张大图的方式布满全屏。受益于系统速度和网速的提高，手机读取速度也提高了，这种大图滑动方式才得以普及。大图滑动方式很有气势，画面也更加整洁，常用于软件的多屏浏览，如图 1-8 所示。

图 1-7

图 1-8

4. 图片平铺

　　所有图片不规则地平铺于界面之中。这种图片平铺的界面分类方式一开始来自 Facebook 和微软系统的界面，优势是多个元素同时展示在用户面前，面积可以平均分配，也可以穿插画中画效果，比较灵活，如图 1-9 所示。

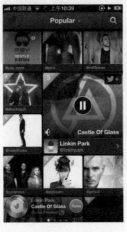

图 1-9

5. 分类标签

以标签的形式进行分类，导航条的下方水平铺开，可以左右滑动。这种方式是以图标的形式将类别可视化，通常体现在 App 软件、功能等分类首页上。其优点在于视觉导向明晰，利于操控，如图 1-10 所示。

图 1-10

6. 下拉选项框

以下拉列表或下拉选项的方式呈现，可对信息进行筛选。下拉选项框的优点是可以将大量信息分门别类地隐藏在框中，适用于列表式的选项。常见的有歌曲菜单、地址列表等。查询方式可以采用英文字母排序等多种搜索方法，如图 1-11 所示。

图 1-11

1.4 如何制作出优秀的网页界面

精湛的技巧和理解用户与程序的关系是设计出一个有魅力的网页的前提。一个有效的网页 UI 应该时刻关注用户目标的实现，这就要求包括视觉元素与功能操作在内的所有东西都必须要完整一致。

1. 你的UI是不是保持着高度一致？

当用户来到你的站点，他的脑子里会保持着自己的思维习惯。为了避免把用户的思维方式打乱，你的 UI 就需要和用户保持一致。你不仅可以将按钮放到不同页面相似的位置，使用相契合的配色；还可以使用一致的语法和书写习惯，让你的页面拥有一致的结构。例如，你的某个品目下的产品可以拖放到购物车，那么你的站点中所有产品都应该可以这样操作。如图 1-12 所示，微淘界面设计风格高度一致。

图 1-12

2. 用户可以自由掌控自己的操作吗？

在设计 UI 之前，你应当考虑到自己的站点是否容易导航。一个优秀的 UI，用户不仅能自由掌控自己的浏览行为，还要确保他能从某个地点跳出或毫无障碍地退出。而这些在用户离开前弹出窗口的行为，正是用来判断 UI 易用性的标准，如图 1-13 所示。

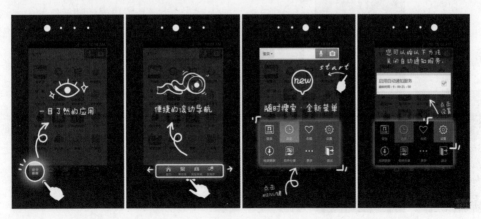

图 1-13

3. 你对你的用户群了解吗？

只有对你的用户群有所了解，才能设计有效的 UI。因为不同的用户阶层对不同的设计元素有着不同的理解，比如 16 ～ 20 岁的人和 35 ～ 55 岁的人的喜好和习惯肯定有很大的不同，所以你的 UI 设计必须要有针对性，如图 1-14 所示。

适合儿童的界面设计（简单、活泼）

适合年轻人的界面设计（亮丽）　　　　　　　　适合老年人的界面设计（规整）

图 1-14

图 1-15

4. 你有预防错误的措施吗？

你应该尽可能检查程序中的错误，而网页测试是消减错误的最好方法。为了更好的用户体验，最好减少那些弹出一个窗口告诉用户发生了什么的东西。

5. 你有没有在重要的位置为用户展示最重要的内容？

为了用户更好地理解你的内容，你应该将重点放在重要的内容上面，在重要的位置为用户展示最重要的内容。

6. 你的设计是不是显得很简约？

你的 UI 功能可以很强大，但是设计一定要简约，因为拥挤的界面，不管功能有多么的强大，都会吓跑用户。而简约的设计不仅能增强 UI 的易用性，还能让用户不必关心那些无关的信息。所以很多优秀的站点的设计都显得十分简约，如图 1-15 所示。

7. 你有没有使用视觉提示？

当你使用了如 Ajax 和 Flash 一类的技术，在加载内容的时候，你应当提供视觉提示，要让用户知道目前他在做什么。

8. 你的UI有操作提示吗？

你的用户是靠自己的研究还是看 FAQ 文档学习来操作 UI。一个优秀的 UI，应当在 UI 上显示简单的操作提示。

9. 你的内容清晰吗？

文本的清晰和准确是确保内容的两个重要因素。

10. 你是怎样使用色彩的？

UI 的重要元素是色彩，不同的颜色代表着不同的心情。在使用色彩的时候，首先一定要和站点及主题相吻合；其次还应当考虑到色盲用户的感受。如果你选定了某种配色，就应该在整个站点及主题统一使用这种配色，以保持色彩的统一性。图 1-16 所示是不同风格的色彩搭配页面。

清爽的色彩搭配　　　　　　厚重的色彩搭配　　　　　张扬时尚的色彩搭配

图 1-16

11. 你的UI是不是太过花哨？

最好的设计是用来体验的，而不是用来看的。所以你的 UI 不要放一些花哨的东西给用户看，而是应该让用户去体验。因为越是简单的 UI 设计，用户体验越好。

12. 你的UI结构是否清晰明了？

在你的 UI 中，总体结构应当清晰明了，各个元素应当放在它们适当的位置，彼此之间相互关联，那些不相关的东西可以把它们单独放置。

1.5 网页设计师如何自我提升

在职业发展道路上，你遇到过困难吗？面临过瓶颈吗？如果有，那么"如何自我提升"便常常成为值得探讨、研究与相互学习的热点话题了。让我们从美术职业发展的角度来探讨一下如何自我提升吧。

关于如何自我提升这个问题的提出，伴随而来的疑问也有不少。什么是美术人员必备的素质？

如何打造对玩家和游戏有意义的作品？如何提升美术技能？很多人会告诉你"不断动手练习啊""不断实战演练啊""不断吸取经验教训啊"。虽然这基本上是对的，但答案不止于此。毕竟，你可以花很多时间在错误的道路上磨炼——如果真的是这样的话，你的提高会有很多局限性。

过程必然是苦闷的。所以，在开始谈论自我提升这条道路之前，我想与大家分享一条非洲人的智慧箴言："很不幸，种树的最佳时机是 20 年以前；幸运的是，现在就是下一个最佳时机"。

1.5.1　形状 / 轮廓

人们通过物体的边缘来感知物体。所以为了清楚表达，你应该首先考虑轮廓，确保通过轮廓可以识别物体。为了增加趣味，物体应该让人容易理解，不引起困惑。在保持美术风格的同时，你应该努力让观者只看轮廓就能识别道具和角色。图 1-17 所示为图标设计稿和最终稿的对比。

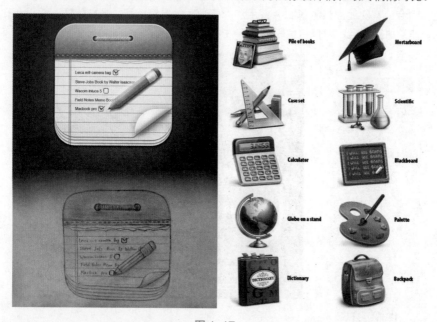

图 1-17

图 1-18

1.5.2　美术基础

首先，你是美术设计师，画出好图的基本功应该是必需的。使用工具、使用设计软件的唯一用途就是执行你的想法。把重点放在想象力、执行速度和工作合作方面，与相关团队保持有效的沟通。从想法、清楚的意图、理想的目标和贯穿设计原则的合理的方法开始，将所有选择导向你的目标。图 1-18 所示为一个美术造诣很高的草图设计稿。

1.5.3　色彩识别

色彩是一个值得讨论的话题，主观性也比较强。没有什么硬性标准，如果有的话，也都有例外。所以只要记住几件事：颜色带有温度和情绪范围，要以所表达、表现的意图为基础，可能要避免使用某些颜色（例如大面积的黑色，会造成空间上的不透气，画面不美观等）。可以用颜色创造象征性的联系。这可能很微妙，但很强大，比如皮克斯动画公司的《飞屋环游记》就用得很好。在那部动画里，美工用紫红色作为 Ellie 的象征色，在她的穿着和使用的物品上经常可以看到紫红色；当粉红色的阳光消失在窗户的反光中，她离开了，这种既定的色彩象征为观众描绘了一幅凄美的画面。很多书都专门讨论了色彩，但学习色彩的有效方法是看电影，然后仔细分析其中的色彩运用以及对剧情表达的作用。你不仅要关注和谐的色彩搭配，还要注意剧情氛围与和谐的色彩之间的组合。以下列举了最常用的设计原则和元素。

- 设计原则：统一、冲突、支配、重复、交替、平衡、和谐、渐变。
- 设计元素：线条、值、色彩、色相、纹理、形状、轮廓、尺寸、方位。

利用以上原则和元素，一定会帮助你构思出清楚准确的画面。可以借助这些工具，从设计的角度看待画面。当你对基本形状、比例满意后，再从各个独立元素出发，把注意力放在正题画面上。如果你的基本设计草稿都不耐看，那么就谈不上什么细节了。图 1-19 所示为几组简洁的图标设计。

图 1-19

1.5.4　引导视觉

在美术概念中，构成大概是最难理解的。如果我可以将它表述成一句简单的话，那我会说，构成是通过画面引导视觉的艺术。假设不存在糟糕的构成，只有误用的构成——太紧密或太松散。在某个情节中管用的构成放到另一个情景中可能就不管用了。构成的唯一目的就是让玩家读并且理解预期的空间和剧情。最常用的办法是使用冲突和对比、形状上的冲突、颜色上的视觉冲突、方向线带来的视觉引导。人的眼睛通常最先注意到框架内的最高对比区域。当你确定焦点，请确保其他元素不会产生冲突或干扰观者的注意力。所有元素的分层结构应该最终引向一个焦点。人们往往误解了构成，把它简单地理解为黄金分割，事实上构成的内涵远不止于此。图 1-20 和图 1-21 所示为一些优秀设计。

从铅笔设计稿到 Photoshop 上色稿

图 1-20

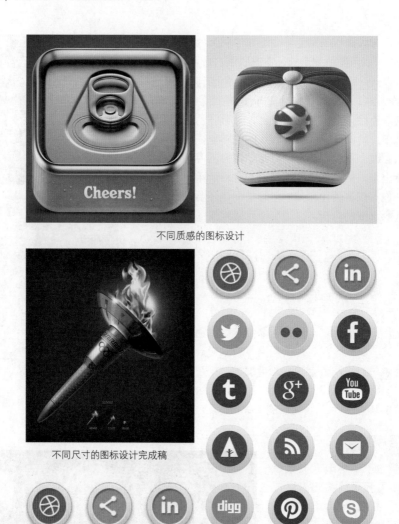

不同质感的图标设计

不同尺寸的图标设计完成稿

图 1-21

1.6 如何设计出更加友好的界面

简约而不简单，看上去非常简洁，其实往往都是非常讲究的。细节丰富，架构清晰，主题突出，层次分明，最大限度地呈现有效信息，良好地引导用户。

用色大胆奔放，好的作品肯定是将颜色完美地融合到界面里，让用户享受服务的同时，也能感受到一丝美感。

图形运用，高水平的插画与界面完美融合。小到图标，大到模块乃至整个页面，处处流露出设计功底。

1. 完美的栅格

图 1-22 所示的几个界面非常整洁，层次感较强，张弛有度，页面整体非常棒，搭调的配色，完美的比例让人顿觉眼前一亮，即使看不懂外文也会被它深深地吸引。栅格的安排控制得非常合理，几乎所有的浏览器下都能显示两行的栅格内容。版式非常灵活和自然，无论是哪种屏幕分辨率下，

设计师都进行了自然的重组和排序，而且对于内容也没有丝毫的影响，不必考虑太多对于响应式实现的过多准备，实际效果非常好。

图 1-22

2. 配色柔和，图文清晰

配色是一门艺术，一般采用的是高级灰。所谓高级灰就是有"色相"和"纯度"的蓝灰色。相对于欧美配色的浓重来说，中文的 UI 应该比较柔和唯美，符合东方人的审美，背景宜采用浅灰和白色层叠，将黑色的标题文字和彩色的图片映衬得非常清晰，没有拖泥带水，字字在目，整个软件的线框和背景都要保持一致。文字标题全是图片，更加强调视觉体验，如图 1-23 所示。

图 1-23

3. 细腻的细节

手机 UI 应该着重细节的处理，因为其本身尺寸就很小。图 1-24 所示界面的细节处理让人佩服，每一个图片的处理，文字的摆放，仿佛页面整体维护都是一位高级设计师在负责，而非"编辑"。仔细一看，页面中所有的图片广告视觉语言都是统一的，比如文字和图片的位置都是一致的，同板块图片的底色高度统一，给人一种严谨的整洁感。画面细腻养眼，图标精致典雅，没有刻意的拼凑，没有过分的修饰，让人百看不厌。

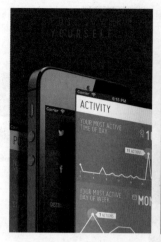

图 1-24

1.7 网页设计的基本要素

　　设计图标最重要的是对形状的把握，所以在定稿之前，不仅要多画草图，还要考虑到形状的表现形式。在 2008—2009 年之前，图标的设计趋向于三维样式，自从苹果系统上市后，网页的设计趋向于扁平化设计。不管是哪种形式（三维、二维、文字和像素）都要表现得简洁易懂。好的设计源自生活细节的提炼，在当今时代，必须要设计出更人性化的图标作品出来，才能立于不败之地。图 1-25 所示的作品是 800×400 分辨率的屏幕，可以从像素、颜色、细节等方面再下些功夫。

二维图标　　　　　　　　　　　　　　　　三维图标

图 1-25

1. 图形图标

　　一般情况下，一套图标要有个统一的外形，这样才能统一 UI 设计风格，比如，在一个方形的容器里面做图标，图标的四面要顶到容器。同样地，容器定位是三角、正三角、梯形，也是如此。通常会做 2 ～ 4 像素的浮动空间。

　　另外还要有素描关系，一套图标的透视角度和光源角度必须保持一致，否则就会显得很凌乱。

如果光源角度是 50 度，则还要考虑图标的高光、反光、阴影。图 1-26 所示为不同投影方向的三维图标。

图 1-26

2. 元素组合搭配

图标的组合元素最好是 1 ～ 2 个组合，元素过多会导致识别混乱。就算两个元素的组合也要有主次（大小区分或颜色轻重区分）。如果一套图标里面含有共同的元素，只需要把元素之间相互组合即可，没必要重新设计。需要注意的是，如果在同一界面上，一个元素的应用很多，就会导致识别性不高，这时就需要做一些小小的调整，如图 1-27 所示。

3. 配色方案

一个图标的颜色在三个颜色以内是最好的（黑白灰不算），因为要是超出三个颜色，图标就会和界面的设计一样，显得很花。

整套图标的颜色灰度和基调应该保持一致。当然，并不是说完全一致，可以有浮动的空间，设计师可以凭着感觉取色。

通常一个图标由不同元素组合而成

图 1-27

图标和背景明暗距离以及图标的明暗反差都要调整好，需要注意的是要突出主次关系，如图 1-28 所示。

颜色过于复杂，影响识别效果　　　　简单的配色更适合图标

图 1-28

15

4. 视觉体验

质感的确定：对用户的视觉体验来说，质感非常重要。一般情况下，开始设计的时候，就要考虑到图标的质感效果（如水晶玻璃、木质、皮革、金属等）和质感定型（如有好几种体现剔透的水晶质感，我们只选取体现高光的）。

质感的表现：一套图标在草稿纸上画好后，可用其中最好表现的一个图标进行质感的尝试。这时候，只要我们能想到的质感的表现方式，都可以尝试一下。其实只要做完一个图标，就可以仿照着做其他图标，如图 1-29 所示。

水晶玻璃效果　　　　　　木质效果　　　　　　　皮革效果　　　　　　　　金属效果

图 1-29

网页界面设计是指对 PC 网页和手机网页的人机交互、操作逻辑、界面美观的整体设计。好的网页界面设计不仅要让页面变得有个性有品位，还要让网页的操作变得舒适、简单、自由，充分体现网页的定位和特点。

2.1 了解网站设计

网站不单单是把各种信息简单地堆积起来能看或者表达清楚就行，还要考虑通过各种设计手段和技术让受众能更多更有效地接收页面中的各种信息，从而对网站留下深刻的印象并催生消费行为，提升企业品牌形象。

2.1.1 什么是网站设计

网站设计是以互联网为载体，以互联网技术和数字交互式技术为基础，依照客户的需求与消费者的需要设计具有商业宣传目的的网页，同时遵循艺术设计规律，实现商业目的与功能的统一，是一种商业功能和视觉艺术相结合的设计。

2.1.2 网站设计特点

与当初的纯文字和数字的网页相比，现在的网页无论是在内容上还是形式上都已经得到了极大的丰富。网页视觉设计也具有了视觉传达设计的一般特征，同时兼有了时代特征的新的艺术形式。

2.2 网站设计构成元素

与传统媒体不同，网站界面除了文字和图像以外，还包含动画、声音和视频等新兴多媒体元素，更有由代码语言编程实现的各种交互式效果，这些极大增加了网站界面的生动性和复杂性，同时也使网页设计者需要考虑更多的页面元素的布局和优化。

2.2.1 文字

文字元素是信息传达的主体部分，从网页最初的纯文字界面发展至今，文字仍是其他任何元素所无法取代的重要构成，如图 2-1 所示。

图 2-1

2.2.2 图形符号

图形符号是视觉的载体,通过精练的形象代表某一事物,或表达一定的含义。图形符号在网站界面设计中可以有多种表现形式,如图 2-2 所示。

图 2-2

图 2-3

2.2.3 图像

图像在网站界面设计中有多种形式,图像具有比文字和图形符号都要强烈和直观的视觉表现效果,如图 2-3 所示。

2.2.4 多媒体

网站界面构成中的多媒体元素主要包括动画、声音和视频，这些都是网站界面构成中最吸引人的元素，但是网站界面还是应该坚持以内容为主，任何技术和应用都应该以信息的更好传达为中心，不能一味地追求视觉化的效果。

2.3 网站设计原则

网站作为传播信息的一种载体，也要遵循一些设计的基本原则。但是，由于表现形式、运行方式和社会功能的不同，网站设计又有其自身的特殊规律。网站设计是技术与艺术的结合，也是内容与形式的统一。

2.3.1 视觉美观

网站设计首先需要吸引浏览者的注意力，由于网页内容的多样化，传统的普通网页不再是主打的环境，交互设计、多媒体内容、三维空间等形式开始大量在网站设计中出现，给浏览者带来不一样的视觉体验，给网站界面的视觉效果增色不少。图 2-4 所示为不同媒介的界面。

网站客户端 UI   平版客户端 UI   手机客户端 UI

图 2-4

2.3.2 主题明确

网站设计表达的是一定的意图和要求，有明确的主题，并按照视觉心理规律和形式将主题主动地传达给观赏者，以使主题在适当的环境里被人们及时地理解和接受，从而满足其需求。

2.3.3 内容与形式统一

任何设计都有一定的内容和形式。设计的内容是指它的主题、形象、题材等要素的总和，形式就是它的结构、风格、设计语言等表现方式。一个优秀的设计必定是形式对内容的完美表现。

2.3.4 有机的整体

网站的整体性包括内容和形式上的整体性，这里主要讨论设计形式上的整体性。

2.3.5 PC 网页界面与手机界面的不同

手机界面的范围基本被锁定在手机的 App/ 客户端上。而 PC 网页的范围就非常广。手机界面独特的尺寸要求、空间和组件类型使得很多 PC 网页界面设计者对手机界面的设计了解得不到位。

通过一款软件（印象笔记）的比较，我们可以直观地了解到手机界面与一般 PC 网页界面的区别，在同样功能的页面上，内容相差很多，如图 2-5 所示。

 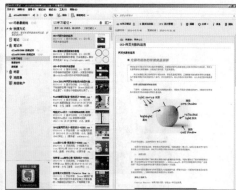

PC 端印象笔记登录界面（内容含量更多）

手机端印象笔记主页（内容更紧凑）

图 2-5

2.4　网页界面设计的原则

世界级图形设计大师 Paul Rand（保罗·兰德）说："设计绝不是简单的排列组合与简单的再编辑，它应当充满着价值和意义，去说明道理，去删繁就简，去阐明演绎，去修饰美化，去赞美褒扬，使其有戏剧意味，让人们信服你所言……"从这句话可以看出，设计不是轻而易举之事，要想设计出优秀的 UI 得要费很大的精力。

1. 区分重点

为了保持屏幕元素的统一性，初级设计师经常对需要加以区分的元素采用相同的视觉处理效果，其实采用不同的视觉效果也是可以的。由于屏幕元素各自的功能不同，所以它们的外观也不同。换句话说，要是功能相同或者相近，那么它们看起来就应该是一样的，如图 2-6 所示。

美团（左）和大众点评（右）UI 的设计风格布局较为接近　　旅行网站又是另一种界面布局

图 2-6

2. 界面统一性

为了保持界面的统一性，就要把一样的功能放在同样的位置。一个页面由一些基本模块组成，而每一种基本模块在 UI 设计的时候，不同的应用实例应把字形、字号、颜色、按钮颜色、按钮形状、按钮功能、提示文字、行距等元素排列一致。但是很多设计师在执行的时候会有一些随意的想法，有些想法可能是比较好的，但是我们还是要执行统一的界面标准。比如在 Windows 中，不同的窗口关闭按钮不仅在不同的位置，并且颜色还不一样，这样就显得非常凌乱。图 2-7 所示为天猫商城风格一致的界面设计。

3. 清晰度是工作的重中之重

在界面设计中，清晰度是第一步工作，也是最重要的工作。如果你想要用户认可并喜欢你设计的界面，就必须让用户先能够识别出它，再让用户知道使用它的原因。当用户使用时，不仅能预料到发生什么，还能成功地和它交互。清晰的界面才能够长期吸引用户不断地重复使用，因为如果界面设计得不太清晰，那么只能满足用户一时的需求。如图 2-8 所示，购物和游戏网站宜采用清晰的产品图片和文字。

图 2-7　　　　　　　　图 2-8

4. 界面的存在就是为了促进交流和互动

界面的存在，主要是为了促进用户和我们之间的互动。一个优秀的界面，不仅能够让我们做事有效率，还能够激发和加强我们与这个世界的联系。

5. 让界面处在用户的掌控之中

大家可能会有这样一种感觉：人们对能够掌控自己的环境感到很舒心。而那些不考虑用户感受的软件，就不会带给用户这种舒适感。我们应该保证界面时刻处在用户的掌控之中，让用户自己决定系统状态，只需要稍加引导，就会使用户达到所希望的目标。如图 2-9 所示，美图秀秀的人性化功能界面，只看图表也能进行操作。

6. 界面的存在必须有所用途

在设计领域，衡量一个界面设计成功与否，就是有用户使用它。比如一件漂亮的衣服，虽然做工精细，材质细腻，但是如果穿着不合适，那么客户就不会选择它，它就是一个失败的设计。所以，界面设计只能满足其设计者的虚荣心是远远不够的，它必须有实用的价值。即界面设计是先设计一个使用环境，再创造一个值得使用的艺术品。如图 2-10 所示，百度地图的界面设计让人感觉使用起来非常方便。

图 2-9

图 2-10

7. 强烈的视觉层次感

想要让屏幕的视觉元素具有清晰的浏览次序，只有通过强烈的视觉层次感来实现。换言之，要是视觉层次感不明显的话，用户每次都按照相同的顺序浏览同样的东西，那么他就不知道哪里才是目光停留的重点，最终只会让用户感到一片茫然。在设计不断变更的情况下，要保持明确的层次关系，就显得十分困难。如果要想把所有的元素都突出显示，那么就没有重点可言，因为所有的元素层次关系都是相对的。为了实现明确的视觉层次，就需要设计师添加一个特别突出的元素。这是增强视觉层次最简单最有效的办法。图 2-11 所示为几个具有强烈视觉冲击力的界面设计。

图 2-11

2.5 网页界面设计师如何展示自身价值

在一个成熟且高效的产品设计团队中，界面设计者会在前期就加入项目，针对界面设计的产品进行分析、定位等多方面的探讨。

1. 给力的工作经验

一是要求从业人员精通 Photoshop、Illustrator、Flash 等图形软件和 html、Dreamweaver 等网页制作工具，能够独立完成静态网页设计工作；熟练操作常用办公软件，且具备其他软件应用能力；熟悉 CSS、JavaScript 和 Ajax。

二是对通用类软件或互联网应用产品的人机交互方面有自己的理解和认识。

三是具备良好的审美能力、深厚的美术功底，有较强的平面设计和网页设计能力。

四是具有敏锐的用户体验观察力，富有创新精神。此外，有人机交互设计的学习和工作经历者更佳。

2. 展示很有细节的视觉界面

设计师这个行业具有一定的特殊性，面试的时候必须提供相关的作品展示，这是衡量个人能力的一个前提，也是你区别于其他设计师的一个最重要的标准。因此在个人简历中一定要有作品，而且一定要挑选个人认为最好的作品展示，切忌把所有的作品都放上去展示，有可能筛选简历的人打开的就是你的那幅设计一般或者很差的作品，直接否定你，这样你就会失去一次宝贵的面试机会。

至于作品的展现形式，个人建议如果有自己的网站或者博客（整理平时的作品或者发表一些文章，谈谈设计思路），那是最佳的，因为这是你专业水平的一个体现，会让对方觉得你是个很有规划和想法的人。当然如果没有条件，你可以在一些设计网站上，比如 68design 创建自己的设计空间，把自己的设计作品上传上去，只要有链接，公司一般都会看的。

3. 与实力均衡的工资

你的工资应该和你的实力相均衡。如果你已经工作 10 年，工资还只要求平均工资以下，那只能说明你能力差，不自信。而刚刚踏入职场的人，工资要求不能太离谱，因为每个公司都有一个内部的工资体系，偏离这个工资体系，公司就不会考虑录用你。

所以，各位求职者一定要正确衡量自己的价值，才能提高你面试的概率，调整好心态，才能在众多设计师中脱颖而出。

2.6 网页界面设计的流程

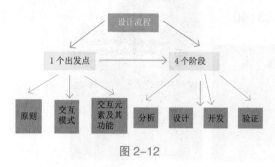

图 2-12

网页界面设计的流程如图 2-12 所示。

1. 出发点

①了解设计的原则。没有原则，就丧失了设计的立足点。

②了解交互模式。在做 UI 设计时，不了解模式就会对设计原则的实施产生影响。

③了解交互元素及其功能。如果对于基本的交互元素和功能都不了解，如何设计呢？

2. 阶段一：分析

①用户需求分析。

②用户交互场景分析。

③竞争产品分析。

出发点与分析阶段可以说是相辅相成的。对于一个较为正规的 UI 项目来说，必然会对用户的需求进行分析，如果说设计原则是设计中的出发点，那么用户需求就是本次设计的出发点。

要想做出好的 UI 设计，必须要对用户进行深刻的了解，因此用户交互场景分析就很重要。对于大部分项目组来说，也许没有时间和精力去实际勘查用户的现有交互、制作完善的交互模型，但是设计人员在分析的时候一定要站在用户角度思考：如果我是用户，这里我会需要什么。

竞争产品能够上市并且被 UI 设计者知道，必然有其长处。这就是所谓"三人行必有我师"的意思。每个设计者的思维都有局限性，看到别人的设计会有触类旁通的效果。

当然有的时候可以参考的并不一定是竞争产品。

3. 阶段二：设计

采用面向场景、面向事件和面向对象的设计方法。

UI 设计着重于交互，因此必然要对最终用户的交互场景进行设计。

软件是交互产品，用户所做的就是对软件事件的响应以及触发软件内置的事件，因此要面向事件设计。

面向对象设计可以有效地体现面向场景和面向事件的特点。

因此设计的四个要素是交互对象、数据对象、事件（交互事件和异常）、动作。

4. 阶段三：开发

即通过用户交互图（说明用户和系统之间的联系）、用户交互流程图（说明交互和事件之间的联系）、交互功能设计图（说明功能和交互的对应关系），最终得到设计产品。

5. 阶段四：验证

对于产品的验证主要从下面几个方面入手。

①功能性对照。UI 设计得再好，和需求不一致也不可以。

②实用性内部测试。UI 设计的最重要点就是实用性。

通过以上 1 个出发点和 4 个阶段的设计，就可以做出完美的、符合用户需求的 UI 设计。

网页界面设计是一种高智商、高境界的色彩设计，要求设计师有对色彩绝对的把控能力。色彩能够让人产生某种情绪，对产品产生依赖性。下面我们就通过本章的学习来了解一下不同色彩搭配对于 UI 设计的重要性。

3.1 色彩意象

我们在生活中看到色彩时，不仅会感觉到其物理方面的影响，还会在心理方面产生一种难以用言语形容的感觉，我们把这种感觉称为印象，即色彩意象。图 3-1 所示为不同颜色意象的案例。

1. 红色的色彩意象

红色容易引起人们的注意，因此红色在各种媒体中被广泛利用。红色不仅具有较佳的明视效果，还可以被用来传达有活力、积极进取、热诚温暖等内涵的企业形象与精神。另外，在为警告、危险、禁止和防火等标志选择用色的时候，人们首先考虑的也是红色。这样，人们在一些场合和物品上，只要看到红色标示，不必仔细看内容，就能知道这是警告危险的意思。同时，在工业安全用色中，红色就作为警告、危险、禁止和防火等标志的指定色。

2. 橙色的色彩意象

因为橙色明视度高，所以在工业安全用色中，橙色就被赋予了警戒色的含义，用作火车头、登山服装、背包和救生衣等的专用色。也正因为橙色过于明亮刺眼，就会使人有低俗的意象，尤其在服饰的运用上，显示得更加明显。所以，我们在运用橙色的时候，要想把橙色明亮活泼的特性发挥出来，只能选择合适的搭配色彩和恰当的表现方式。

3. 黄色的色彩意象

因为黄色明视度高，所以在工业安全用色中，黄色就是警告危险色，被用来警告危险和提醒注意。黄色使用非常普遍，比如交通提示灯上的黄灯、工程用的大型机器、

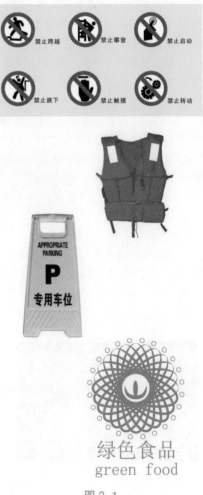

图 3-1

学生用雨衣和雨鞋等，都使用的是黄色。

4. 绿色的色彩意象

因为绿色代表着生命和健康，所以在商业设计中，绿色符合服务业、卫生保健业的诉求，因为它所传达的清爽、理想、希望和生长的意象，和这些行业不谋而合。工厂里许多工作的机械采用的也是绿色，就是为了避免操作时眼睛疲劳；一般的医疗机构场所，也采用绿色来填充空间色彩和标示医疗用品。

5. 蓝色的色彩意象

因为蓝色比较沉稳，具有理智、准确的意象，所以在商业设计中，许多强调科技、效率的商品和企业形象，都选用蓝色当标准色和企业色。例如计算机、汽车、影印机、摄影器材等都选用蓝色。受西方文化的影响，蓝色也代表忧郁。蓝色的这个意象经常运用在感性诉求的商业设计和文学作品中。

6. 紫色的色彩意象

因为紫色具有强烈的女性化性格，所以在商业设计中，紫色只能作为和女性有关的商品以及企业形象的主色，其他类的设计一般情况下，都不考虑紫色。图 3-2 所示为紫色意象的案例。

7. 褐色的色彩意象

由于褐色的独特意象，所以在商业设计中，褐色用来强调格调古典优雅的企业或商品形象。它不仅被用来表现麻、木材、竹片、软木等原始材料的质感，还被用来传达咖啡、茶等饮品原料的色泽。图 3-3 所示褐色意象的案例。

8. 黑色的色彩意象

因为黑色具有高贵、稳重和科技的意象，所以在商业设计中，大多数科技产品的用色都采用黑色，如电视、跑车、摄影机、音响和仪器的色彩都是黑色。另外，黑色也有庄严的意象，经常用在一些特殊场合的空间设计、生活用品和服饰设计等方面，这些都是利用黑色来塑造高贵的形象。值得一提的是，黑色适合和许多色彩作搭配，是一种永远流行的主要颜色。

9. 白色的色彩意象

因为白色具有高级、科技的意象，所以在商业设计中，经常需要和其他色彩搭配使用。由于纯白色会带给人寒冷、严峻的感觉，所以在使用白色时，通常都会掺一些米白、象牙白、乳白和苹果白等色彩。白色可以和任何颜色作搭配，所以在生活用品和服饰用色上，白色是永远流行的主要颜色。

10. 灰色的色彩意象

因为灰色具有柔和、高雅的意象，所以在商业设计中，大多数高科技产品，特别是和金属材料有关的，几乎都采用灰色来传达高级、科技的形象。另外，灰色属于中间性格，男女都能接受，因此灰色也是永远流行的主要颜色。需要注意的是，我们在使用灰色时，为了避免过于沉闷而有呆板僵硬的感觉，应该利用不同的层次变化组合搭配其他色彩。图 3-4 所示为灰色意象的案例。

图 3-2

图 3-3

图 3-4

3.2 色彩的重要性

在设计中，表现力和感染力是色彩最重要的两个因素，它通过人们的视觉感受产生生理、心理的反应，从而形成丰富的联想、深刻的寓意和象征。在室内环境中，为了使人们感到舒适，色彩应要满足其功能和精神要求。我们在室内设计中应该充分发挥和利用色彩本身具有的一些特性，赋予设计独特的美感。

3.2.1 色彩的物理效应

色彩对人引起的视觉效果反应主要表现在冷暖、远近、轻重、大小等物理性质方面，即温度感、距离感、重量感和尺度感等四个方面。图 3-5 所示为冷暖色轮。

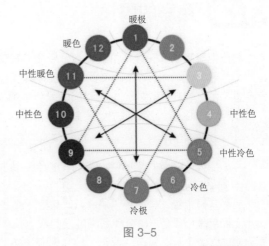

图 3-5

1. 温度感

在色彩学中，我们按照色相的不同把色彩分为热色、冷色和温色三个色系。热色是从红紫、红、橙、黄到黄绿色，其中橙色最热。冷色是从青紫、青至青绿色，其中青色最冷。温色是紫色和绿色，紫色是红与青色混合而成的，绿色是黄与青色混合而成的。这些色系的划分和人类长期的感觉、经验是一致的，比如人们看到红色和黄色，就好像看到太阳、火和炼钢炉一样，感觉到热；看到青色和绿色，就好像看到江河湖海、绿色的田野和森林，感觉特别凉爽。

2. 距离感

色彩不仅可以使人感觉到冷暖，还可以使人感到进退、凹凸和远近。一般来说，暖色系和明度高的色彩让人感到有前进、凸出和接近的感觉，冷色系和明度较低的色彩则让人感到有后退、凹进和远离的感觉。所以在室内设计中，人们经常利用色彩的这些特点去改变空间的大小和高低。比如，墙面过大时，采用收缩色；柱子过细时，用浅色，淡化纤细感；柱子过粗时，用深色，减弱笨粗之感；居室空间过高时，可用近感色，减弱空旷感，提高亲切感。

3. 重量感

色彩的明度和纯度决定着色彩的重量感。像桃红和浅黄色这些明度和纯度高的色彩就显得轻盈，像黑色和蓝色这些明度和纯度低的色彩就显得厚重。在室内设计的构图中，我们经常用不同的色彩来表现如轻盈、厚重等性格，并依此达到平衡和稳定的目的。

4. 尺度感

色相和明度两个因素决定着色彩对物体大小的感觉。要想物体显得高大，就用暖色和明度高的色彩，因为这些色彩具有扩散作用。反言之，要想物体显得矮小，就用冷色和暗色，因为这些色彩具有内聚作用。有时候，通过对比也能把不同的明度和冷暖表现出来。由于室内家具的不同、大小物体的差异以及整个室内空间的色彩处理有着非常密切的关系，所以我们可以利用色彩来改变物体的尺度、体积和空间感，使室内各部分之间关系更加协调和统一。

3.2.2 色彩的心理反应

色彩不仅有着许多物理性质，还有着丰富的含义和象征。人们往往根据自己的生活经验以及由色彩引起的联想对不同的色彩表现出不同的好恶。这种对颜色的好恶之感也和人的年龄、性格、素养、民族、习惯分不开。比如人们一看到红色，就能联想到太阳，联想到万物生命之源，感到崇敬和伟大；也能联想到血，感到不安和野蛮。人们看到黄色，好像阳光普照大地一样，就感到明朗、活跃和兴奋。人们看到黄绿色，就能联想到植物发芽生长，感觉到春天的来临。色彩在心理上也有如冷热、远近、轻重、大小等物理效应，用色彩不仅可以表现如兴奋、消沉、开朗、抑郁、镇静等情绪，也可以表现如庄严、轻快、刚、柔、富丽、简朴等感觉，不同的颜色就好像被人们施了魔法一样，可以随心所欲地创造心理空间，表现内心情绪和反映思想感情。

3.3 色彩的属性

色彩的应用很早就已经有了，但是色彩的科学，直到牛顿发现太阳光通过三棱镜发生分解而有了光谱之后才迈入新纪元。在 16—17 世纪出现了很多关于光线与色彩的研究，1898 年，美国艺术家 Munsell 发明了蒙塞尔色彩体系，其特点是使用数字来精准地描述各种色彩，为色彩的进一步研究打下基础。

3.3.1 色彩的分类

在千变万化的色彩世界中，人们视觉感受到的色彩非常丰富，现代色彩学按照全面、系统的观点，将色彩分为有彩色和无彩色两大类。

有彩色是指红、橙、黄、绿、蓝、紫这 6 个基本色相以及由它们混合所得到的所有色彩。

无彩色是指黑色、白色和各种纯度的灰色。从物理学的角度看，无彩色不包括在可见光谱之中，故不能称之为色彩。但是从视觉生理学和心理学上来说，无彩色具有完整的色彩性，应该包括在色彩体系之中，如图 3-6 所示。

有彩色

无彩色

图 3-6

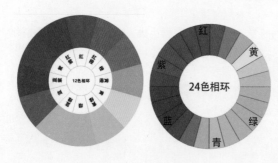

图 3-7

3.3.2 色相

色彩的色相是色彩的最大特征，是指能够比较确切地表示某种颜色色别的名称，如红色、黄色、蓝色等。色彩的成分越多，色彩的色相越不鲜明。光谱中的红、橙、黄、绿、蓝、紫为基本色相，色彩学家将它们以环形排列，再加上光谱中没有的红紫色，形成一个封闭的圆环，就构成了色相环。由色彩间的不同混合，可分别做出10、12、16、18、24 色相环，如图 3-7 所示。

3.3.3　明度

明度是指色彩的亮度或明度。颜色有深浅、明暗的变化。比如，深黄、中黄、淡黄、柠檬黄等黄颜色在明度上就不一样，这些颜色在明暗、深浅上的不同变化，也就是色彩的明度变化。图 3-8 所示为色彩的明度变化。

无彩色中明度最高的是白色，明度最低的是黑色。图 3-9 所示为无彩色明度色阶。

有彩色加入白色时会提高明度，加入黑色则降低明度，上方色阶为不断加入白色、明度变亮的过程，下方为不断加入黑色、明度变暗的过程。图 3-10 所示为有彩色明度色阶。

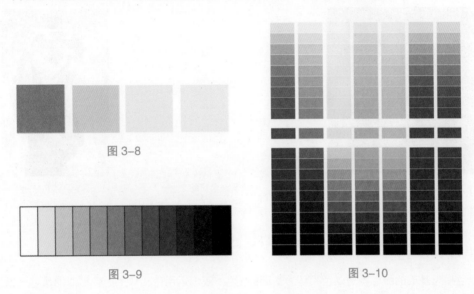

图 3-8

图 3-9

图 3-10

3.3.4　饱和度

饱和度是指色彩的鲜艳程度，也称色彩的纯度。我们眼睛能够辨认有色相的色彩都具有一定的鲜艳度。饱和度取决于该色中含色成分和消色成分（灰色）的比例。含色成分越大，饱和度越大；消色成分越大，饱和度越小。例如绿色，当它混入白色时，鲜艳度就会降低，但明度增强，变为淡绿色；当它混入黑色时，鲜艳度降低，明度也会降低，变为暗绿色。图 3-11 所示为饱和度变化。

饱和度降低，明度降低　　　　　　　　　　饱和度降低，明度增强

图 3-11

3.3.5　色调

以明度和饱和度共同表现色彩的程度称为色调。色调一般分为 10 种：鲜明、高亮、清澈、明亮、灰亮、隐约、浅灰、阴暗、深暗、黑暗。其中鲜明和高亮的彩度很高，给人华丽而又强烈的感觉；清澈和隐约的亮度和彩度比较高，给人一种柔和的感觉；灰亮、浅灰和阴暗的亮度和彩度比较低，给人一种冷静朴素的感觉；深暗和黑暗的亮度很低，给人一种压抑、凝重的感觉。

3.4 色彩的搭配原则

　　色相、色调、明度会使搭配在一起的不同色彩产生变化。两种和多种深颜色搭配在一起是不会产生对比的效果，同样地，多种浅颜色合在一起产生的效果也不理想。可是当一种深颜色和一种浅颜色混合在一起时，效果就会非常明显，浅色的更浅，深色的更深。色相、色调、明度也是如此，如图 3-12 所示。

多种深色搭配　　　　　　　　　多种浅色搭配　　　　　　　　深色和浅色搭配

图 3-12

3.4.1 色相配色

　　以色相为基础的配色就是以色相环为基础的配色。我们运用色相环上比较相似的颜色进行配色，就让人有种稳定和统一的感觉。若是想达到强烈的对比效果，就用差别比较大的颜色进行配色。

　　要想达到共同的配色印象，就要使用类似色相的配色。这种配色在色相上是比较容易取得配色平衡的手法。就像黄色、橙黄色和橙色的组合以及群青色、青紫色和紫罗兰色的组合等都是类似的色相配色。但是使用类似色相的配色，容易让人产生单调的感觉，所以有时我们也可以使用一些对比色调的配色手法。这种中差配色的对比效果，既不呆板也不冲突，深受人们的喜爱。

　　在色相环中（见图 3-13），对比色相配色指的是位于色相环圆心直径两端的色彩以及较远位置的色彩组合，主要有中差色相配色、对照色相配色和补色色相配色三种色相配色。由于对比色相的色彩性质比较青，因此它就被用来调配色彩的平衡，经常用在色调上和面积上。

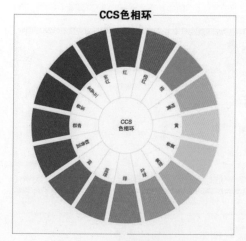

图 3-13

　　同一色相配色指的是色相配色在 16 色相环中，角度是 0°和接近的配色。

　　邻近色相配色指的是角度在 22.5°的两色间，色相差是 1 的配色。

　　类似色相配色指的是角度在 45°的两色间，色相差是 2 的配色。

　　对照色相配色指的是角度在 67.5°～112.5°，色相差是 6～7 的配色。

　　补色色相配色指的是角度在 180°左右，色相差是 8 的配色。

3.4.2　色调配色

1. 同一色调配色

同一色调配色就是把相同色调的不同颜色搭配在一起形成的一种配色关系。同一色调除色调明度有些变化外，颜色、色彩的纯度都是一样的。同一色调会产生相同的色彩印象，而不同的色调也会产生不同的色彩印象。要想表现出活泼感只需把纯色调全部放在一起即可。比如婴儿服饰或玩具大多都是以淡色调为主。在中差色相和对比色相的配色中，采用同一色调的配色方法，色彩就显得很协调。图 3-14 所示为同一色调配色。

2. 类似色调配色

将色调图中相邻或接近的两个或两个以上色调搭配在一起的配色就是类似色调配色。与同一色调相比，类

图 3-14

似色调配色在色调与色调之间有细微的差异，不会产生呆滞感。要想表现出昏暗的感觉，就把深色调和暗色调搭配在一起；要想表现出鲜艳活泼的色彩印象，就使用明亮色调、鲜艳色调和强烈色调，如图 3-15 所示。

图 3-15

3. 对照色调配色

将相隔较远的两个和两个以上的色调搭配在一起的配色就是对照色调配色。因为对比色调存在的色彩的特征差异，所以能造成强烈的视觉对比，产生一种"相映"或"相拒"的力量。比如浅色调和深色调配色，就是深和浅的明暗对比；鲜艳色调和灰浊色调搭配，在纯度上就会存在差异配色，如图 3-16 所示。也就是说，在配色选择时，对照色调配色会因横向或纵向而存在明度和纯度上的差异。若是采用同一色调的配色手法，更容易进行色彩调和。

补色对照色调配色　　　　　深浅明暗对照色调配色

图 3-16

3.4.3 明度配色

配色的一个重要因素就是明度。明度的变化能表现出事物的远近感和立体感。如图 3-17 所示，古希腊的雕刻艺术就是通过光影的作用呈现黑、白、灰的相互关系，形成立体感；中国的国画也经常使用无彩色的明度搭配，以用来表现空间的关系；不仅如此，彩色的物体也能通过光影的影响产生出明暗效果，比如，黄色和紫色就存在着明显的明度差。

明度可以分为高明度、中明度和低明度三类，我们在给明度配色的时候，有高明度配高明度、高明度配中明度、高明度配低明度、中明度配中明度、中明度配低明度、低明度配低明度等六种搭配方式。其中，高明度配高明度、中明度配中明度、低明度配低明度这三种属于相同明度配色；高明度配中明度、中明度配低明度这两种属于略微不同的明度配色；高明度配低明度属于对照明度配色。我们经常使用的就是明度相同，而色相和纯度有变化的配色方式。图 3-18 所示为明度相同，色相有变化的配色。

水墨画的浓淡色调配色

雕塑素描的黑白灰立体关系　　　　黄色和紫色的色调配色

图 3-17　　　　　　　　　　　　　　　　　图 3-18

3.5 使用 Kuler 配色

我们在用 Photoshop 设计网页以及平面设计配色的时候，不仅有自己的常用配色板，还可以安装一些配色插件或者软件。Photoshop 自带的扩展功能程序 Kuler，就是一种比较高级的配色方法。因为 Kuler 不仅可以实时配色，添加到色板，使用到前景色，还能下载最新的配色方案。下面我们就来学习 Kuler 是如何配色的。需要注意的是：必须安装完整版的 Photoshop，若安装的不是完整版，可能没有 Kuler 功能。

▫──┤ **方法/步骤** ├──▫

Step01 执行"窗口"→"扩展功能"→"Kuler"命令。

Step02 如果扩展功能没有启用，可以在"首选项"→"增效工具"中勾选"载入扩展面板"复选框，同时勾选"允许扩展连接到 Internet"复选框（如果不联网，Kuler 无法使用网上的色彩方案），如图 3-19 所示。

图 3-19

Step03 配色之前先确定一个主色，然后通过各种配色方案生成配色板。这里先调整出主色，Kuler 面板右侧的垂直滑杆是调整色彩亮度的，下面的基色向下箭头所指的是当前主色，色块处于选中状态。圆形色域中左侧的最大的点就是基色，圆形的最边缘是选择色相的，圆形往里是降低色彩的饱和度，如图 3-20 左图所示。

Step04 图 3-20 中图说明在 Kuler 扩展面板中如何调整色彩的三个维度。色彩控制点绕圆形转动角度是改变色相，色彩控制点往圆心靠近是降低饱和度，右侧明度滑杆用于添加或减少色彩中的黑色，也就是控制色彩的明度。

Step05 确定主色后，可以选择 Kuler 预设的色彩方案，一共有六种色彩方案，即类似色、单色、三色组合、互补色、复合色、暗色。如果这六种色彩方案都不符合要求，还可以自定义配色方案，如图 3-20 右图所示。

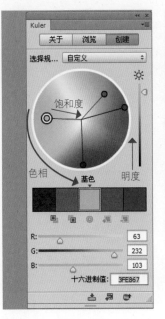

图 3-20

Step06 选择一种配色方案，自动生成配色板，有五个颜色块。如果想使用某个色板为前景色，可以双击色块，前景色就会同步为当前色块颜色。

Step07 如果要把配色方案添加到色板中，可以单击 Kuler 下面的"将此主题添加到色板"按钮，如图 3-21 所示。

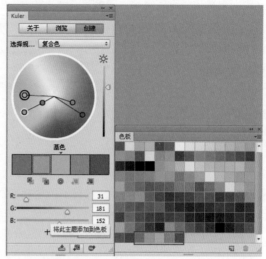

图 3-21

Step08 可以保存这个主题，单击"命名并保存此主题"按钮，将保存主题到 Kuler 中。

Step09 命名主题名称为 green，单击"保存"按钮。说明：名称不支持中文。

Step10 单击"浏览"→"已保存"，刚才存储的配色方案就显示出来了，可以将其添加到色板，也可以上传到网上，如图 3-22 所示。

图 3-22

Step11 也可以在"创建"面板单击"将主题上载到 Kuler"按钮，把配色方案保存到网上，如图 3-23 左图所示。

Step12 单击"浏览"→"最新"，可以查看网上的配色方案，并将其下载到本地或者添加到色板中，如图 3-23 所示。

Kuler 的基本功能大概就这些，很方便实用。

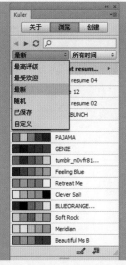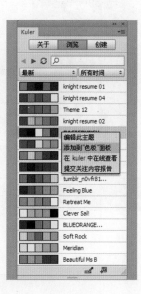

图 3-23

3.6 找到完美的色彩搭配

　　没有一种单一的设计元素会比颜色效果更能够吸引人。颜色能吸引人的注意力，表达一种情绪，能传达一种潜在的信息。那么，什么样的调色搭配才是最合适的呢？关键是颜色之间的关系。色彩总不会凭空存在，它总是和周围其他颜色一起出现。因此，你可以在页面中通过基色设计一个色板文件。下面我们将介绍这种色板文件的建立方法。

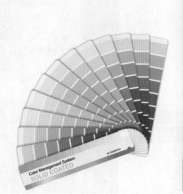

　　我们要制作一个具有浪漫色彩的电影海报，画面中模特的面部表情比较放松，面色比较白净。我们的目的是要使设计效果看起来耳目一新，充满活力及个性十足，同时又要传达一种商业气息。客户还要求整个设计效果显得时尚。这些要求全部都和颜色有关，如图 3-24 所示。

图 3-24

1. 将照片中的颜色精简出来

　　首先要找出这个自然的色板，并把它组织成为调色板文件。尽量放大照片，你会发现照片有很多颜色。在正常的视图中（图 3-25）我们只会看到很少的一些颜色，皮肤的色调、栗色的头发、蓝色的衣服、粉红的花朵。但是把它们放大来看时，会发现这里面有着数以百万计的颜色。所以首先要精简这些颜色，让它成为一个易处理的颜色版本。在 Photoshop 中，首先复制一个图层（这样就不会丢失你的原始图片了），然后选择"滤镜"→"像素化"→"马赛克"命令（图 3-26），一个颜色被精简过的图片就会出现（图 3-27）。假如你不满意它的默认值，需要更多一点的颜色，可以减少"马赛克"对话框中的"单元格大小"值。

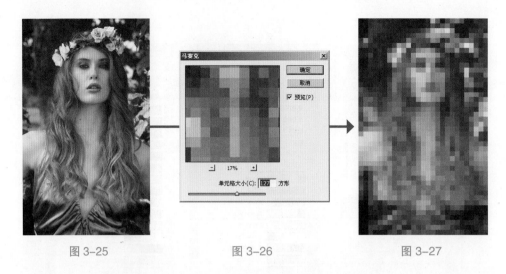

图 3-25   图 3-26   图 3-27

2. 提取颜色成为色板

现在我们使用吸管工具将颜色提取出来放到色板中，如图 3-28 所示。从最明显的颜色开始（你看到的最多的颜色），然后到最少的颜色。为了对比效果，可选择一些暗调、中调及浅调的颜色。从最多的颜色开始，比如你一眼就可以看到的皮肤、头发、上衣的颜色。然后处理较少的颜色，如眼睛、嘴唇、头发较亮部分及一些阴影，这些都是非常细小的颜色，所以你需要非常专心，从而归类好每一部分的颜色。对颜色进行仔细观察，然后对选取的颜色重新排序。丢弃那些相似的颜色，接下来你就会兴奋于你自己的发现了。

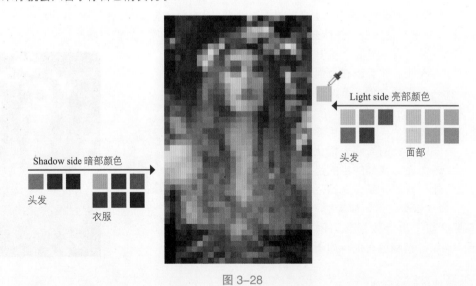

图 3-28

3. 逐个将颜色进行尝试

将照片放到那些颜色样板上面，结果都是很漂亮的，不是吗？这是一件非常有趣的事，无论你怎么做，都是不错的搭配。奥妙就在于，你使用的颜色其实是照片中已经存在的某一种颜色。

暖色调：粉红、棕色、红褐色、橙红色，这些是暖色调的，这些颜色来自模特的头发和面部。暖色时这个女孩更温和、更娇柔，如图 3-29 所示。用这些暖色来传达温馨的画面较为合适。

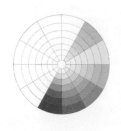

图 3-29

冷色调：冷色调主要是蓝色调，产生了一种商业气氛。注意：使用数值越暗的颜色，照片中女孩子的面孔就越有一种突出页面向你靠近的感觉，如图 3-30 所示。

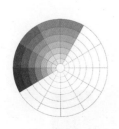

图 3-30

4. 利用色相环

接下来是添加更多的色彩。选择任何一个颜色之后，在色相环上找到它相应的位置。色相环是用来反映一种颜色和其他颜色相互关系的工具，如图 3-31 所示。

任何一种颜色，比如我们选择了图中的蓝色，然后在色相环上查找它相邻的颜色。我们把这种颜色称之为基色。我们已经知道这些基色与照片中的颜色是互补协调的。现在要做的就是寻找与这个基色相

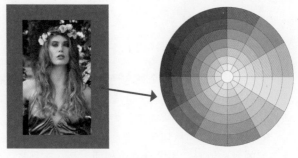

图 3-31

配的其他颜色。要记住：如果设计时需要用到其他文字和图形，那么和它们的颜色也是相关的，你需要选择暗色调及浅色调来形成对比。

由于色相环中的颜色是基于基色的（并不包含所有颜色值），所以其实在配色时，并不能做到百分之百的精确，这只是一个方法指南。

5. 创建调色板

现在我们可以开始创建一个令人激动的协调色的调色板了。

组合颜色：比如中间蓝色可以和深蓝色以及深色的紫罗兰色相协调。

单色：首先是一种基色的深色、中间值和浅色。这是一种单色调板。这里没有色相的变化，但通过明暗对比可以产生非常好的设计，如图 3-32 所示。

近似色：色环上的一种颜色任意两边的颜色都是近似色。近似色共享同一种色相（这里是湖蓝色、蓝色和紫罗兰色），可以产生一种漂亮的，低于对比度的和谐效果，如图 3-33 所示。

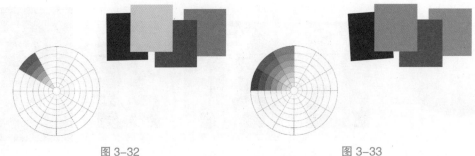

图 3-32　　　　　　　　　　　　图 3-33

对比色（补色）：在色相环上与一种颜色在完全的对立面，称为对比色（本例中为橙色，见图 3-34）。补色有很强的对比效果，两种互为补色的颜色应用在一起，可以传达一种活力、兴奋的效果。一般来说，补色要产生好看的效果一般是一个大一个小。如一个橙色的圆点用在一个蓝色的区域中时，效果非常好。

分裂补色：一种颜色与另一种颜色既不是补色又不是相邻色，则这些颜色称为分裂补色。在相邻色的低对比度搭配中加入这些颜色，会使这个效果变得生动。要注意的是，加入的这些分裂补色的面积不宜太大，本例中的蓝色看起来更像是一个重音符，如图 3-35 所示。

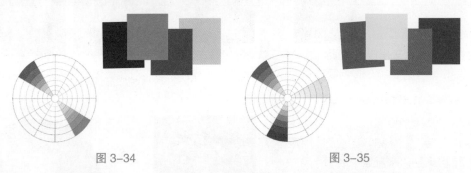

图 3-34　　　　　　　　　　　　图 3-35

对比色 / 近似色：这个混合调色板看起来很像分裂补色调色板，但它含有更多的颜色。在暖色调部分有着柔和色调，可以产生丰富的色彩色调，但在对比色方面又可以产生强烈的对比。这种调色板会让人产生强烈的兴奋感，如图 3-36 所示。

近似色 / 对比色：用冷色调创建相似色再加上一点暖色的对比色。请记住，不同的明度值会产生不同的对比效果：如果明度值相同，那么在视觉上就会相互打架，争夺读者的视觉；如果明度值不同，就不会有这种感觉。所以，要用吸管工具去提取颜色的不同明度值来搭配使用，如图 3-37 所示。

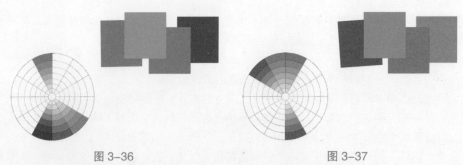

图 3-36　　　　　　　　　　　　图 3-37

相反的颜色：相同的亮度，如图 3-38 所示；不同的亮度，如图 3-39 所示。

图 3-38

图 3-39

6. 校对及应用

讲了这么多，现在是时候来使用颜色搭配了。该怎样选择颜色搭配呢？关键是要看你想传达什么样的信息。回忆一下刚开始提出的设计要求是什么，然后来选择配色。

商业气息：蓝色是人人都喜欢的颜色。有趣的是这里的蓝色和橙色是从照片中来的，这就产生了一种自然的对比效果。蓝色的背景色与照片中女人的蓝色衣服混为一体，使女人的目光更容易吸引人的注意，既漂亮又有商业气息。

如果你忘了设计要求，那就回到本例刚开始看一下：我们的目的是要使设计效果看起来耳目一新，充满活力及个性十足，同时又要传达一种商业气息。客户还要求整个设计效果要时尚，如图 3-40所示。

权威气息：这个调色板中的深红色来自她的头发，从色环中我们知道，深红色与橙色是一种近似色。蓝色的眼睛和衣服显得不再重要，而是成了一种点缀性的对比，如图 3-41 所示。

图 3-40

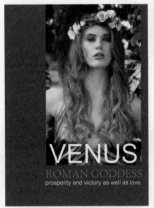

图 3-41

注意：原照片中头发的红色只是轻微的高光，在整个画面中填充红色后，就有了非常重的分量，整个设计给人一种认真、热情、权威的感觉。

热情气息：人物头发的亮色在页面中变得更加突出，而蓝色衣服使画面产生了对比和层次感。另一个焦点是黄色的标题，给人的感觉像是从照片中剪出来一样。整个空间显得比较平淡，这种颜色搭配产生一种热情迷人的效果（在设计比赛中，这个设计可能会胜出，因为它比较特立独行），但只有那些大胆的客户才会选择这个设计，如图3-42 所示。

图 3-42

休闲气息：采用了蓝色的相邻色——青色。这种青色在照片中并不存在，但使整个设计融入了一种轻松、活泼的感觉。整个效果看起来带着时尚、更平易近人的气息。标题仍采用了黄色，是一种较温和的对比，如图 3-43 所示。

注意：不同的亮度组合。任何颜色都可以使用它的不同明度。注意这里的青色是中间值和浅色的，而蓝色是暗色的。

浪漫气息：蓝色的另一种近似色——紫罗兰色，同样在照片中是不存在的。从色相环中我们知道，紫色与红色靠得较近，而整个效果看起来有点夸张，因为照片中女人的面孔以及头发与背景的颜色显得比较接近。紫罗兰色是一种冷色，通常与温柔、女性联系在一起（也包含着清新和精神饱满的感觉），如图 3-44 所示。

图 3-43   图 3-44

7. 总结

图 3-45 所示为不同背景的配色效果。

图 3-45

3.7　色彩在 UI 设计中的作用

1. 冷暖的对比和烘托

暖色的物体在暖的环境中，看起来平淡无奇，如图 3-46（a）所示。

暖色的物体在冷色的环境中，看起来很突显，如图 3-46（b）所示。

中性的灰色在暖的氛围中看起来偏冷，如图 3-46（c）所示。

中性的灰色在冷的氛围中看起来偏暖，如图 3-46（d）所示。

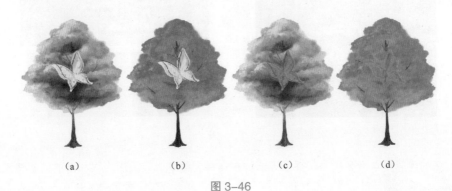

（a）　　　　　（b）　　　　　（c）　　　　　（d）

图 3-46

2. 别样的色彩组合

在设计图标的问题上，色彩也是不容忽视的一点。如果你设计的图标颜色看起来平淡普通，那么它就容易被忽视。为了使图标脱颖而出，我们就需要使用很棒的色彩搭配和有趣的形状，除此之外还应该使用更多的光泽和适当的阴影来使它更加真实立体。

好的图标需要两个良好的基础：①形状；②颜色的使用。好的图标必须在画出一个完美图形的基础上，添加色彩，为图标增加质感。如图 3-47 所示，图标具有一个基本的形状，并使用了多种颜色搭配，从而使其能够脱颖而出。

图 3-47

3.8　制作配色卡

在设计中，色彩一直是讨论的永恒话题。在一个作品中，视觉冲击力要占很大的比例，至少占70%。关于色彩构成和基本原理的书籍有很多，讲得也很详细，我就不多讲了。本节主要讲解如何制作配色色卡。

1. 向大自然学习配色，制作自己的配色卡

对于初学设计的人来说，经常为使用什么样的颜色而烦恼。他们做的画面要不就是颜色用得太多显得太过花哨和俗气，要不就是只用同一个色相使画面显得既单调又没有活力。

乱用色和不敢用色成为初学者的一个通病。我们大可不必纠结这个问题，向真实世界中的配色学习，多看看大自然的美丽景致，然后归纳总结出一套自己的配色色卡，以为己所用，如图 3-48 所示。

大家或许都知道，黑、白、灰这三个无彩色可以调和各种无彩色。我们也知道，大自然的美是千变万化的，这就要求设计师必须拥有一颗捕捉美的心。就拿天空来举例子，要是有人问天空是什么颜色的，很多人都会回答是蓝色。如果仔细观察，会发现天空的颜色是千变万化、色彩斑斓的。艺术来源于生活又高于生活，所以设计师要经常总结，因为设计是一个"理解—分解—再构成"的艺术。

图 3-48

大自然的色彩是丰富多彩的，很多人造物在自然光线下也会呈现出很和谐的色彩搭配，如图 3-49 所示。比如北冰洋的积雪、红色的瓷器、黄色的花朵等，在自然光的照射下，它们都表现出丰富的色彩细节。

图 3-49

2. 将配色卡应用到实际工作中

网页一般是由主色调、辅色调、点睛色和背景色四部分构成，其中，主色调在网站的作用是无可取代的。有时候，色卡可以很方便地帮我们找到哪一类的网站需要什么样的主色调。我们平时要多积累一些，并活学活用。这样不仅可以自己增加和减少色块比重来调整整个画面，还可以为了达到增加颜色细节的目的使用两张相似的色卡。接下来，我们来看一些配色卡和网站实例的色调。

蓝色和白色调和，是看起来很权威、很官方的配色，如图 3-50 所示。需要注意的是，这个蓝色不是科技蓝。

彩虹糖果色和黑色调和，是一种梦幻活泼的妖艳的配色。一般情况下，比较亮的彩虹色显得很粉很飘，在加入大面积协调色调后，画面就显得很美，如图 3-51 所示。

图 3-50

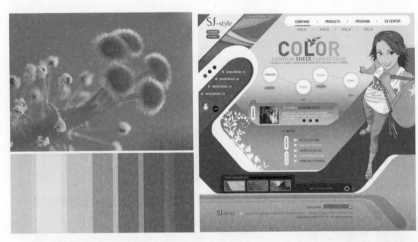

图 3-51

　　橙色和蓝色调和，对比得和谐统一，不仅显得有活力，并且感觉很有时间感。因为橙色和蓝色是互补色，要是使用得不好就会显得很俗气，如图 3-52 和图 3-53 所示，在橙色里加了米色，蓝色里加重了深蓝，以拉开色相上的冲突，整体效果非常好。

图 3-52

图 3-53

　　绿色和白色调和，是一种自然的、优雅的清新配色。图 3-54 中的作品运用白色和绿色，通过渐变来制造柔和轻松的气氛，还有光线照射下来，绿叶元素以及灰色菜单的亮点都让这个作品显得典雅清新。

图 3-54

　　红色和黑色调和，形成一种金属冷色＋热烈的红色的对比配色。图 3-55 中的作品首先运用黑、白、灰的金属色调来体现出科技感，然后用热烈奔放的红色来体现音乐手机的产品定义。

图 3-55

本章我们首先了解一下 Photoshop 中制作网页常用的和必备的一些工具知识，然后重点介绍网页矢量制作工具中的路径和形状。

4.1 **Photoshop 的工作界面**

运行 Photoshop 后，就可以看到用于图像操作的各种界面、工具以及面板构成的工作界面。

4.1.1 了解工作界面

Photoshop 的界面主要由菜单栏、工具箱、面板等组成，如图 4-1 所示。熟练掌握各组成部分的基本名称和功能，有助于轻松自如地对图形图像进行操作。

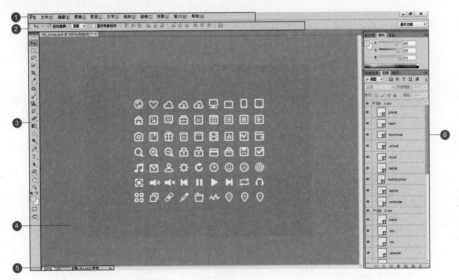

图 4-1

❶ 菜单栏：所有 Photoshop 命令。

❷ 选项栏：可设置所选工具的选项。所选工具不同，提供的选项也有所区别。

❸ 工具箱：工具箱中包含用于创建和编辑图像、图稿、页面元素的工具，默认情况下，工具箱停放在窗口左侧。

❹ 图像窗口：显示图像的窗口。在标题栏中显示文件名称、文件格式、缩放比率以及颜色模式等。

⑤ 状态栏：位于图像窗口下端，显示当前图像文件的大小，以及各种信息说明。单击右三角按钮，在弹出的列表中可以自定义文档的显示信息。

⑥ 面板：为了更方便地使用软件的各项功能，Photoshop 将大量功能以面板形式提供给用户。

不同颜色界面的外观：在 Photoshop 中，我们可以利用新增的功能来设置不同的界面颜色，使界面的外观表现出不同的风格，如图 4-2 所示。

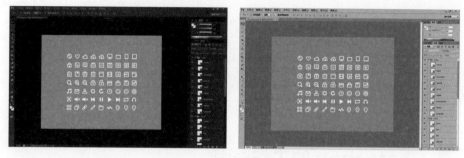

图 4-2

4.1.2 了解工具箱

Photoshop 的工具箱以两种形式显示，一种是单排式，另一种是双排式。当工具箱呈双排式时，单击工具箱上方灰色部分中的 ◀◀ 符号，即可转换为单排式。Photoshop 中的工具以图标形式聚集在一起，从图标的形态就可以了解该工具的功能。在键盘中按相应的快捷键，即可选择相应的工具。右击右下角有三角形符号的图标，或者按住工具按钮不放，则会显示其他有相似功能的隐藏工具，如图 4-3 所示。

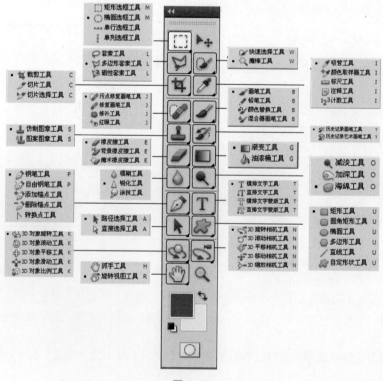

图 4-3

4.1.3　了解选项栏

选项栏用来设置工具的选项，它会随着所选工具的不同而变换选项内容。图 4-4 所示为选择画笔工具█时显示的选项。选项栏中的一些设置对于许多工具都是通用的，但有些设置（如铅笔工具的"自动抹除"选项）却专用于某个工具。

图 4-4

1. 下拉按钮

单击该按钮，可以打开一个下拉列表，如图 4-5 所示。

2. 文本框

在文本框中单击，输入新数值并按 Enter 键即可调整数值。如果文本框旁边有▸按钮，则单击该按钮，会弹出一个滑块，拖动滑块也可以调整数值，如图 4-6 所示。

3. 滑块

在包含文本框的选项中，将光标放在选项名称上，光标的状态会发生改变，单击并向左右两侧拖动鼠标，可以调整数值，如图 4-7 所示。

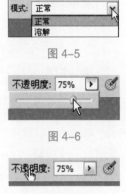

图 4-5

图 4-6

图 4-7

4. 移动选项栏

单击并拖动选项栏最左侧的图标，可以将它从停放中拖出，成为浮动的工具箱。将其拖回菜单栏下面，当出现蓝色条时放开鼠标，即可重新停放到原处，如图 4-8 所示。

5. 隐藏/显示选项栏

执行"窗口"→"选项"命令，可以隐藏或显示选项栏。

6. 创建和使用工具预设

在工具选项栏中，单击工具图标右侧的▾按钮，可以打开下拉面板，面板中包含了各种工具预设。例如，使用裁剪工具█时，选择如图 4-9 所示的工具预设，可以将图像裁剪为 5 英寸 ×3 英寸、300ppi 的大小。

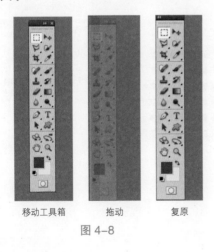

移动工具箱　　拖动　　复原

图 4-8

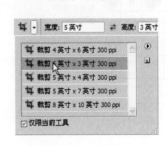

图 4-9

7. 新建工具预设

在工具箱中选择一个工具，然后在选项栏中设置该工具的选项，单击工具预设下拉面板中的█

按钮，可以基于当前设置的工具选项创建一个工具预设。

8. 仅限当前工具

勾选该复选框时，只显示工具箱中所选工具的各种预设；取消勾选时，会显示所有工具的预设，如图 4-10 和图 4-11 所示。

9. 使用"工具预设"面板

"工具预设"面板用来存储工具的各项设置，载入、编辑和创建工具预设库。它与选项栏中的"工具预设"下拉面板用途基本相同，如图 4-12 所示。

图 4-10   图 4-11   图 4-12

单击"工具预设"面板中的一个预设工具即可选择并使用该预设。单击面板中的"创建新的工具预设"按钮 ，可以将当前工具的设置状态保存为一个预设。选择一个预设后，单击"删除工具预设"按钮 可将其删除。

10. 重命名和删除工具预设

在一个工具预设上右击，可以在打开的快捷菜单中选择重命名或者删除该工具预设，如图 4-13 所示。

11. 复位工具预设

选择一个工具预设后，以后每次选择该工具时，都会应用这一预设。如果要清除预设，可单击面板右上角的 按钮，执行菜单中的"复位工具"命令，如图 4-14 所示。

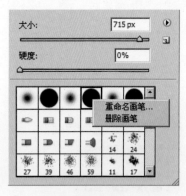
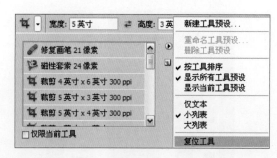

图 4-13   图 4-14

4.1.4　了解状态栏

状态栏位于文档窗口底部，可以显示文档窗口的缩放比例、文档大小、当前使用的工具等信息。单击状态栏中的 按钮，可在打开的菜单中选择状态栏的显示内容；如果单击状态栏并按住鼠标左键不放，则可以显示图像的宽度、高度、通道等信息，如图 4-15 所示。

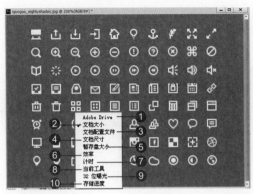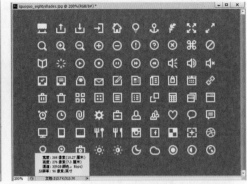

图 4-15

❶ Adobe Drive：显示文档的 Version Cue 工作组状态。Adobe Drive 使我们能连接到 Version Cue CS5 服务器。连接后，我们可以在 Windows 资源管理器或 Mac OS Finder 中查看服务器的项目文件。

❷ 文档大小：显示有关图像中的数据量信息。选择该选项后，状态栏中会出现两组数字。左边的数字显示了拼合图层并存储文件后的大小，右边的数字显示了包含图层和通道的近似大小。

❸ 文档配置文件：显示图像所使用的颜色配置文件的名称。

❹ 文档尺寸：显示图像的尺寸。

❺ 暂存盘大小：显示正在处理图像的内存和 Photoshop 暂存盘的信息。选择该选项后，状态栏中会出现两组数字。左边的数字表示程序用来显示所有打开的图像时所用的内存量，右边的数字表示可用于处理图像的总内存量。如果左边的数字大于右边的数字，Photoshop 将会启用暂存盘作为虚拟内存。

❻ 效率：显示执行操作实际花费时间的百分比。当效率为 100% 时，表示当前处理的图像在内存中生成；如果该值低于 100%，则表示 Photoshop 正在使用暂存盘，操作速度也会变慢。

❼ 计时：显示完成上一次操作所用的时间。

❽ 当前工具：显示当前使用工具的名称。

❾ 32 位曝光：用于调整预览图像，以便在计算机显示器上查看 32 位 / 通道高动态范围（HDR）图像的选项。只有文档窗口显示 HDR 图像时，该选项才可用。

❿ 存储进度：显示存储当前文档的进度。

4.1.5　了解面板

面板用来设置颜色、工具参数，以及执行编辑命令。Photoshop 中包含 20 多个面板，在"窗口"菜单中可以选择需要的面板将其打开。默认情况下，面板以选项卡的形式成组出现，并停靠在窗口右侧，我们可根据需要打开、关闭或自由组合面板。

1. 选择面板

单击相应面板的名称标签即可将该面板设置为当前面板，同时显示面板中的选项，如图 4-16 所示。

2. 折叠/展开面板

如图 4-17 所示，单击面板组右上角的▨按钮，可以将面板折叠为图标状；单击组内的任意图标即可显示相应的面板，单击面板右上角的▨按钮，可重新将其折叠回面板组；拖动面板边界可以调整面板组的宽度。

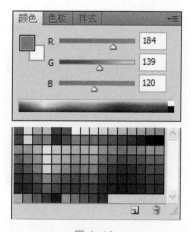

图 4-16

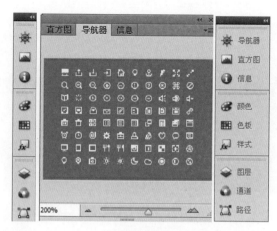

图 4-17

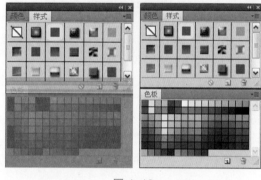

图 4-18

3. 组合面板

将一个面板的标签拖动到另一个面板的标题栏上，当出现蓝色框时放开鼠标，可以将它与目标面板组合。

4. 链接面板

将光标放在面板的标签上，单击并将其拖至另一个面板下，当两个面板的连接处显示为蓝色时放开鼠标，可以将两个面板链接在一起。链接的面板可以同时移动或折叠为图标状，如图 4-18 所示。

5. 移动面板

将光标放在面板的名称上，单击并向外拖动该面板到窗口的空白处，即可将其从面板组或链接的面板组中分离出来，成为浮动面板。拖动浮动面板的名称，可以将它放在窗口中任意位置，如图 4-19 所示。

6. 调整面板大小

如果一个面板的右下角有▦状图标，则拖动该图标可以调整面板大小，如图 4-20 所示。

图 4-19

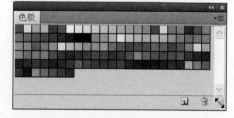

图 4-20

7. 关闭面板

在一个面板中右击，选择"关闭"按钮，即可关闭该面板。对于浮动面板，单击右上角的▧按钮，可将其关闭。

4.2　Photoshop 的路径与矢量图形

在网页设计中，离不开矢量图形的制作，如图 4-21 所示。Photoshop 中制作矢量图形的方法是绘制形状和路径，钢笔工具经常被用于绘制不同的路径，同时，Photoshop 中还包含矩形工具、椭圆形工具和自定义形状工具等一些特殊的矢量图形工具，这样，我们就可以很方便地绘制出想要的图形。本节主要讲解路径的基本知识以及特殊用法。

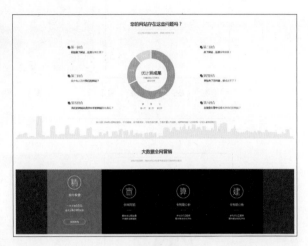

图 4-21

4.2.1　了解绘图模式

使用 Photoshop 中的钢笔和形状等矢量工具可以创建不同类型的图形，包括形状图层、工作路径和像素图形。选择一个矢量工具后，需要先在工具选项栏中按下相应的按钮，指定一种绘制模式，然后才能绘图。图 4-22 所示为"钢笔工具"的选项栏中包含的绘制模式按钮。

图 4-22

1. 形状图形

选择形状后，可以单独地在形状图层中创建形状。形状图层由填充区域和形状两部分组成：填充区域定义了形状的颜色、图案和图层的不透明度；形状则是一个矢量蒙版，定义了图像显示和隐藏区域。形状是路径，它出现在"路径"面板中，如图 4-23 所示。

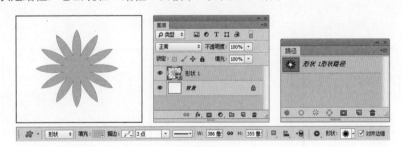

图 4-23

2. 工作路径

选择路径后，可以创建工作路径，它出现在"路径"面板中。工作路径可以转换为选区、创建矢量蒙版，也可以填充和描边从而得到光栅效果的图像，如图 4-24 所示。

3. 填充区域

选择像素后，可以在当前图层上绘制栅格化的图像（图形的填充颜色为前景色）。由于不能创建矢量图形，因此，"路径"面板中也不会有路径，如图 4-25 所示。

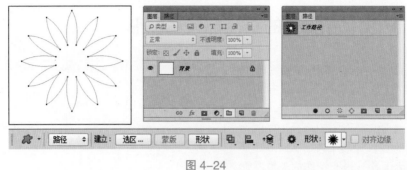

图 4-24

图 4-25

4.2.2 了解路径与锚点的特征

在使用矢量工具，尤其是钢笔工具时，必须了解路径与锚点的用途。下面我们来了解路径与锚点的特征与它们之间的关系。

1. 认识路径

路径是可以转换为选区或使用颜色填充和描边的轮廓。它包括有起点和终点的开放式路径，以及没有起点和终点的闭合式路径两种。此外，路径也可以由多个相互独立的路径组件组成，这些路径组件称为子路径，如图 4-26 所示。

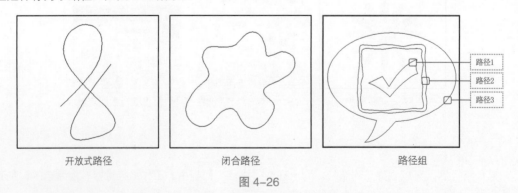

开放式路径   闭合路径   路径组

图 4-26

2. 认识锚点

路径由直线路径段或曲线路径段组成，它们通过锚点连接。锚点分为两种，一种是平滑点，另外一种是角点。平滑点连接可以形成平滑的曲线；角点连接形成直线，或者转角曲线；曲线路径段上的锚点有方向线，方向线的端点为方向点，它们用于调整曲线的形状，如图 4-27 所示。

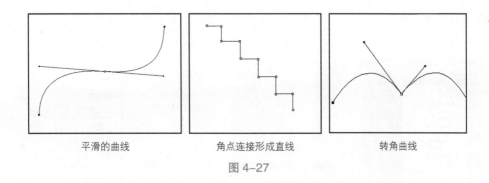

平滑的曲线　　　　　　角点连接形成直线　　　　　　转角曲线

图 4-27

4.2.3　熟悉"路径"面板

"路径"面板用于保存和管理路径，其中显示了每条存储的路径、当前工作路径和当前矢量蒙版的名称与缩览图。下面介绍使用"路径"面板的方法。

1. 认识"路径"面板

执行"窗口"→"路径"命令，即可打开"路径"面板，如图 4-28 所示。

快捷按钮
● ：用前景色填充路径。
○ ：用画笔描边路径。
✽ ：将路径作为选区载入。
◇ ：从选区生成工作状态。
▣ ：添加蒙版。
🗐 ：创建新路径。
🗑 ：删除当前路径。

图 4-28

❶ 新建路径 🗐：创建新路径。运行该命令后，会弹出"新建路径"对话框，如图 4-29 所示。
❷ 复制路径：复制选定的路径。运行该命令后，会弹出"复制路径"对话框，如图 4-30 所示。

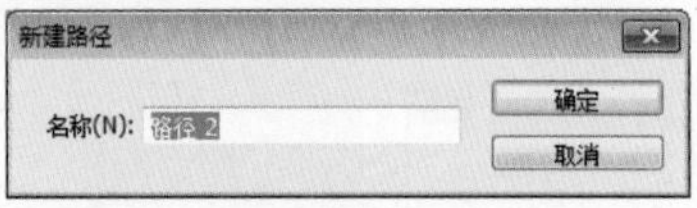

图 4-29 　　　　　　　　　　　　　图 4-30

❸ 删除路径：删除选定的路径。
❹ 建立工作路径：将选区作为工作路径。
❺ 建立选区：将选定的路径作为选区。
❻ 填充路径：使用颜色或者图案填充路径内部。运行该命令后，会弹出"填充路径"对话框，如图 4-31 所示。
　❼ 描边路径：为选定的路径轮廓填充前景色。在"描边路径"对话框的"工具"选项中，可以选择上色工具，如图 4-32 所示。
　❽ 剪贴路径：在路径上应用剪贴路径，其他部分则设置为透明状态，如图 4-33 所示。

图 4-31

❾ 面板选项：运行该命令后，在弹出的"路径面板选项"对话框中，可调整路径面板的预览大小，如图 4-34 所示。

图 4-32　　　　　　　　　　　图 4-33　　　　　　　　　　　图 4-34

2. 了解工作路径

创建的路径　　　　　临时的工作路径

图 4-35

使用"钢笔工具"或"形状工具"绘图时，如果单击"路径"面板中的"创建新路径"按钮，新建一个路径层，然后再绘图，可以创建路径；如果没有单击按钮而直接绘图，则创建的是工作路径。工作路径是出现在"路径"面板中的临时路径，用于定义形状的轮廓，如图 4-35 所示。

3. 创建路径和存储路径

1）创建路径

单击"路径"面板中的"创建新路径"按钮，可以创建新路径层。如果要在新建路径时设置路径的名称，可以按住 Alt 键并单击按钮，在打开的"新建路径"对话框中输入路径的名称，如图 4-36 所示。

创建的路径　　　　　　　　"新建路径"对话框　　　　　　　重新命名新路径

图 4-36

2）存储路径

当创建了工作路径之后，如果要保存工作路径而不重命名，可以将它拖至面板底部的按钮上；如果要存储并重命名，可以双击它的名称，在打开的"存储路径"对话框中为它输入一个新名称，如图 4-37 所示。

4. "填充路径"对话框

在"填充路径"对话框中可以设置填充内容和混合模式等选项，如图 4-38 所示。

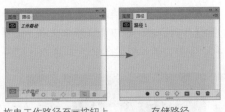
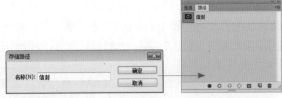

拖曳工作路径至 ■ 按钮上　　　存储路径　　　双击工作路径打开"新建路径"对话框　　　存储并重命名路径

图 4-37

❶ 使用：可选择用前景色、背景色、黑色、白色或其他颜色填充路径。如果选择"图案"，则可以在下面的"自定图案"下拉面板中选择一种图案来填充路径。

❷ 模式 / 不透明度：可选择填充效果的混合模式和不透明度。

❸ 保留透明区域：仅限于填充包含像素的图层区域。

❹ 羽化半径：可为填充设置羽化。

❺ 消除锯齿：可部分填充选区的边缘，在选区的像素和周围像素之间创建精细的过渡。

图 4-38

4.3　实例：用画笔描边路径

案例综述

在 Photoshop 中，不仅可以对选区进行描边，也可以对绘制的路径描边，最后将路径隐藏，得到的图像效果在视觉上与选区的描边相似。下面介绍用画笔描边路径的操作过程，效果如图 4-39 所示。

图 4-39

Step 01 按快捷键 Ctrl+O，打开素材文件，如图 4-40 所示。

Step 02 选择"路径"面板中的"工作路径"，可在画面中显示路径轮廓，如图 4-41 所示。

图 4-40　　　　　　　　　　　　　　图 4-41

Step 03 选择"画笔工具"，在选项栏中设置其属性如图 4-42 所示。

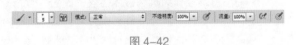

图 4-42

Step **04** 单击"图层"面板底部的"创建新建图层"按钮，新建一个图层，将前景色设置为橘黄色。执行"路径"面板菜单中的"描边路径"命令，打开"描边路径"对话框，在下拉列表中选择"画笔"选项，然后单击"确定"按钮，在面板的空白处单击隐藏路径，效果如图4-43（a）和图4-43（b）所示。

(a)

(b)

图 4-43

4.4 实例：创建曲线路径并转换为选区

案例综述

曲线路径必须通过移动方向线变形为曲线形态。在开始学习的时候，可能会觉得比较困难，但是经过反复的练习之后，就会慢慢掌握钢笔工具的使用。在本例中，我们要画出曲线路径，然后将其转换为选区，对选区内的画面进行调色，如图4-44所示。

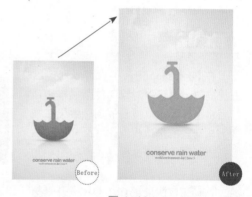

图 4-44

Step **01** 按快捷键Ctrl+O，打开素材文件，如图4-45所示。

Step **02** 选择"钢笔工具"，在选项栏中单击右边的小三角，在弹出的下拉列表中选择"路径"选项，如图4-46所示。

Step **03** 单击边缘的任意位置作为路径开始点，然后沿着伞的边缘单击勾画出整个伞的形状。遇到有弧度的边缘处，按下鼠标创建路径控制点后拖动，使路径控制点处产生两个控制柄，拖动控制柄可以调整路径的弧度，如图4-47所示。

Step **04** 最终回到路径的开始点，单击开始点将整个路径封闭，如图4-48所示。

Step **05** 保存前面绘制的路径。单击"路径"面板中的"扩展"按钮，在弹出的下拉菜单中选择"存储路径"命令，如图4-49所示。

Step **06** 在弹出的"储存路径"对话框中，输入路径名称"路径1"，然后单击"确定"按钮，如图4-50所示。

Step **07** 将路径作为选区载入。在"路径"面板中单击"将路径作为选区载入"按钮，可以看到此时路径变为了选区，如图4-51所示。

Step **08** 执行"选择"→"修改"→"羽化"命令，在弹出的"羽化选区"对话框中设置"羽

图 4-46

图 4-45

图 4-47

图 4-48

图 4-49

图 4-50

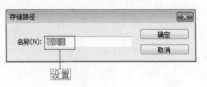

化半径"为 5，单击"确定"按钮完成羽化选区设置，如图 4-52 所示。

Step 09 切换到"图层"面板，执行"图像"→"调整"→"色相/饱和度"命令或按快捷键 Ctrl+U，打开"色相/饱和度"对话框，如图 4-53 所示，设置参数，单击"确定"按钮完成色相/饱和度的调整。

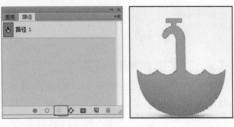

图 4-51

图 4-52

图 4-53

4.5 编辑路径

使用钢笔工具绘图或者描摹对象的轮廓时，有时不能一次就绘制准确，而是需要在绘制完成后，通过对锚点和路径的编辑来达到目的。下面介绍如何编辑锚点和路径。

4.5.1 选择与移动锚点、路径段和路径

1. 选择锚点、路径段和路径

使用"直接选择工具" ▷ 单击一个锚点即可选择该锚点，选中的锚点为实心方块，未选中的锚点为空心方块。单击一个路径段时，可以选择该路径段，如图 4-54 所示。

选择锚点　　　　　　　选择路径段

图 4-54

使用"路径选择工具" ▷ 单击路径即可选择路径，如图 4-55 所示。如果勾选工具选项栏中的"显示定界框"复选框，则所选路径会显示定界框，拖动控制点可以对路径进行变换操作。如果要添加选择锚点、路径段或者路径，可以按住 Shift 键逐一单击需要选择的对象，也可以单击并拖动出一个选框，将需要选择的对象框选。如果要取消选择，可在画面空白处单击。

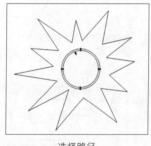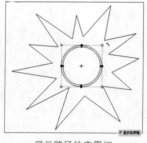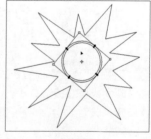

选择路径　　　　　　显示路径的定界框　　　　　　变换路径

图 4-55

2. 移动锚点、路径段和路径

选择锚点、路径段和路径后，按住鼠标按键不放并拖动，即可将其移动。如果选择了锚点，光标从锚点上移开，这时又想移动锚点，则应当将光标重新定位在锚点上，单击并拖动鼠标才能将其移动，否则，只能在画面中拖动出一个矩形框，可以框选锚点或者路径段，但不能移动锚点。路径也是如此，从选择的路径上移开光标后，需要重新将光标定位在路径上才能将其移动。

按住 Alt 键单击一个路径段，可以选择该路径段及路径段上的所有锚点。

4.5.2 添加或删除锚点

1. 添加锚点

选择"添加锚点工具" ▷，将光标放在路径上，当光标变为 ▷₊ 状时，单击即可添加一个角点；如果单击并拖动鼠标，则可以添加一个平滑点，如图 4-56 所示。

选择添加锚点工具

添加锚点

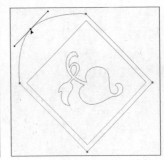
移动锚点位置

图 4-56

2. 删除锚点

选择"删除锚点工具" ，将光标放在锚点上，当光标变为 ♤ 状时，单击即可删除该锚点；使用"直接选择工具" ▮，选择锚点后，按 Delete 键也可以将其删除，但该锚点两侧的路径段也会同时删除，如图 4-57 所示。如果路径为闭合式路径，则会变为开放式路径。

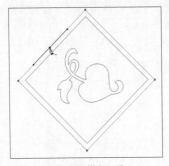
选择删除锚点工具

单击删除锚点

利用 Delete 键删除路径段

图 4-57

3. "钢笔工具"的使用技巧

使用"钢笔工具"时，光标在路径和锚点上会有不同的显示状态，通过对光标的观察可以判断钢笔工具此时的功能，从而更加灵活地使用"钢笔工具"。

▯₊：当光标在画面中显示为 ♤ 时，单击可以创建一个角点；单击并拖动鼠标可以创建一个平滑点。

▯₊：在工具选项栏中勾选了"自动添加 / 删除"复选框后，当光标在路径上变为 ▯₊状时单击，可在路径上添加锚点。

▯_：勾选了"自动添加 / 删除"复选框后，当光标在锚点上变为 ▯_状时，单击可删除该锚点。

▯。：在绘制路径的过程中，当光标移至路径起始的锚点上，光标会变为 ▯。，此时单击可闭合路径。

▯。：选择一个开放式路径，将光标移至该路径的一个端点上，光标变为 ▯。时单击，然后便可继续绘制该路径；如果在绘制路径的过程中将"钢笔工具"移至另外一条开放路径的端点上，光标变为 ▯。时单击，可以将这两段开放式路径连接成为一条路径。

4.5.3　改变锚点类型

"转换点工具" ▮用于转换锚点的类型。选择该工具后，将光标放在锚点上，如果当前锚点为角点，单击并拖动鼠标可将其转换为平滑点；如果当前锚点为平滑点，单击可将其转换为角点，如图 4-58 所示。

 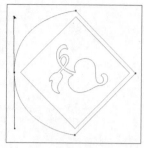 

选择转换点工具　　　　　　单击角点将其转换为平滑点　　　　　　单击平滑点将其转换为角点

图 4-58

4.5.4 方向线与方向点的用途

在曲线路径段上，每个锚点都包含一条或两条方向线，方向线的端点是方向点，移动方向点能够调整方向线的长度和方向，从而改变曲线的形状。当移动平滑点上的方向线时，将同时调整该点两侧的曲线路径段，移动角点上的方向线时，则只调整与方向线同侧的曲线路径段，如图 4-59 所示。

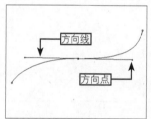 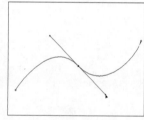 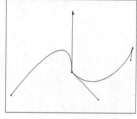

方向线和方向点　　　　　　移动平滑点上的方向线　　　　　　移动角点上的方向线

图 4-59

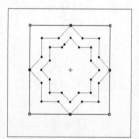 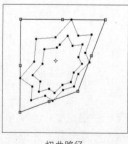

显示变换控件　　　　扭曲路径

图 4-60

4.5.5 路径的变换操作

在"路径"面板中选择路径，执行"编辑"→"变换路径"下拉菜单中的命令可以显示变换控件，拖动控制点即可对路径进行缩放、旋转、斜切、扭曲等变换操作。路径的变换方法与变换图像的方法相同，如图 4-60 所示。

4.5.6 对齐与分布路径

使用"路径选择工具"▶选择多个子路径，单击选项栏中的"路径对齐方式"按钮🖳，弹出下拉列表，在该列表中可以选择路径的对齐与分布按钮，从而对所选路径进行对齐与分布操作，如图 4-61 所示。

图 4-61

1. 对齐路径

"路径对齐方式"按钮 下拉列表中包括左边 、水平居中 、右边 、顶边 、垂直居中 、底边 ，图 4-62 所示为按下不同按钮的对齐结果。

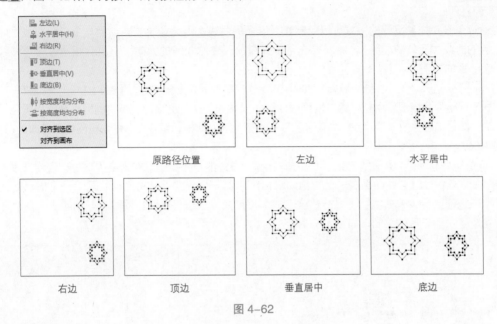

图 4-62

2. 分布路径

"路径对齐方式"按钮 下拉列表中包括按宽度均匀分布 和按高度均匀分布 ，要分布路径，应至少选择 3 个路径组件。图 4-63 所示为按下不同按钮的分布结果。

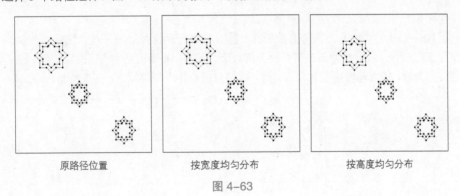

图 4-63

4.6　绘制路径

钢笔工具是 Photoshop 中最为强大的绘图工具，主要有两种用途：一是绘制矢量图形，二是用于选取对象。在作为选取工具使用时，钢笔工具描绘的轮廓光滑、准确，将路径转换为选区就可以准确地选择对象。

4.6.1 实例: 绘制转角曲线

案例综述

通过单击并拖动鼠标的方式可以绘制光滑流畅的曲线，但是如果想要绘制与上一段曲线之间出现转折的曲线（及转角曲线），就需要在创建锚点前改变方向线的方向。下面介绍通过转角曲线绘制一个心形的方法。

Step01 新建一个大小为 500 像素 ×500 像素，分辨率为 100 像素 / 英寸的文件。执行"视图"→"显示"→"网格"命令显示网格，通过网格辅助绘图很容易创建对称图形。当前的网格颜色为黑色，不利于观察路径，可执行"编辑"→"首选项"→"参考线、网格和切片"命令，将网格颜色改为灰色，如图 4-64 所示。

Step02 选择钢笔工具 ![钢笔]，在选项栏中单击 [路径 :] 右边的三角按钮，在弹出的下拉列表中选择"路径"。在网格点上单击并向画面左上方拖动鼠标，创建一个平滑点；将光标移至下一个锚点处，单击并向下拖动鼠标创建曲线；将光标移至下一个锚点处，单击但不要拖动鼠标，创建一个角点，这样就完成了左侧心形的绘制，如图 4-65 所示。

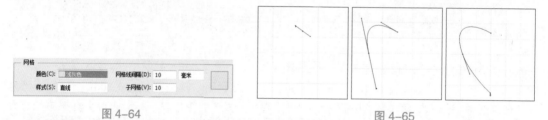

图 4-64   图 4-65

Step03 绘制心形的右边部分。在网格点上单击并向上拖动鼠标，创建曲线；将光标移至路径的起点上，单击鼠标闭合路径，如图 4-66 所示。

Step04 按住 Ctrl 键切换为"直接选择工具" ![箭头]，在路径的起始处单击显示锚点，此时当前锚点上会出现两条方向线；将光标移至左下角的方向线上，按住 Alt 键切换为"转换点工具" ![转换点]；单击并向上拖动该方向线，使之与右侧的方向线对称，按快捷键 Ctrl+' 隐藏网络，完成绘制，如图 4-67 所示。

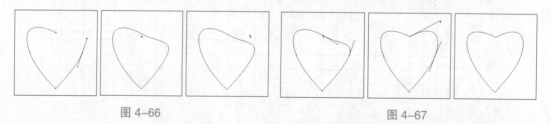

图 4-66   图 4-67

4.6.2 "钢笔工具"的选项栏

"钢笔工具"是我们在绘制矢量图形时常用的一个工具，在编辑矢量图形时，常伴随着"钢笔工具"组中的其他工具一同使用，绘制出我们想要的形状。下面主要讲解"钢笔工具"组中的相关工具的用法。

1. 钢笔选项

选择"钢笔工具"，在工具选项栏中单击 ![齿轮] 按钮，在弹出的下拉菜单中勾选"橡皮带"复选框（见图 4-68），绘制路径时，可以预先看到将要创建的路径段，从而判断出路径的走向，如图 4-69 所示。

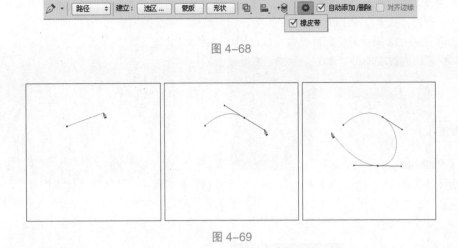

图 4-68

图 4-69

2. 自由钢笔工具

"自由钢笔工具" 用来绘制比较随意的图形，其使用方法与套索工具非常相似。选择该工具后，在画面中单击并拖动鼠标即可绘制路径，路径的形状为光标运行的轨迹，Photoshop 会自动为路径添加锚点。图 4-70 所示为使用"自由钢笔工具"绘制的路径。

图 4-70

3. 磁性钢笔工具

选择"自由钢笔工具" 后，在工具选项栏中勾选"磁性的"复选框，可将"自由钢笔工具"转换为"磁性钢笔工具" 。"磁性钢笔工具"与"磁性套索工具"非常相似，在使用时，只需在对象边缘单击，然后放开鼠标按键，沿边缘拖动即可创建路径。

单击工具选项栏中的 按钮，可打开下拉面板。"曲线拟合"和"钢笔压力"是"自由钢笔工具"和"磁性钢笔工具"的共同选项，"磁性的"是控制"磁性钢笔工具"的选项，如图 4-71 所示。

图 4-71

❶ 曲线拟合：控制最终路径对鼠标或压感笔移动的灵敏度，该值越高，生成的锚点较少，路径也越简单。

❷ 磁性的："宽度"用于设置磁性钢笔工具的检测范围，该值越高，工具的检测范围就越广；

63

"对比"用于设置工具对于图像边缘的敏感度，如果图像的边缘与背景的色调比较接近，可将该值设置得大一些；"频率"用于确定锚点的密度，该值越高，锚点的密度越大。

❸ 钢笔压力：如果计算机配置有数位板，则可以选择"钢笔压力"选项，通过钢笔压力控制检测宽度，钢笔压力的增加将导致工具的检测宽度减小。

4.6.3 实例：创建自定义形状

案例综述

除了 Photoshop 中自带的图形外，我们还可以将自己绘制的形状保存为自定义形状，以便随时调用，而不必重新绘制。下面讲解将绘制的字母 Q 形状保存为自定义形状的具体操作方法。

Step 01 单击"路径"面板中的工作路径，选择该路径，画面中会显示字母 Q 图形。执行"编辑"→"定义自定形状"命令，打开"形状名称"对话框，输入名称，然后单击"确定"按钮，如图 4-72 所示。

图 4-72

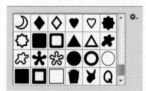

Step 02 需要使用该形状时，可选择"自定形状工具" ，单击工具选项栏中"形状"选项右侧的 按钮，打开下拉面板就可以找到"字母 Q"形状。图 4-73 所示为字母 Q 的应用效果，为其添加了投影和内发光效果。

4.6.4 绘制基本形状

利用图形工具可以简单、轻松地制作出各种形态的图像，还可以组合基本形态的图像，制作出复杂的图形以及任意的形态。下面我们将学习图像的制作方法。

使用图形工具，可以制作出漂亮的图形对象并且不受分辨率的影响。

为了方便用户绘制不同样式的图形形状，Photoshop 提供了一些基本的图形绘制工具。利用图形工具可以在图像中绘制直线、矩形、椭圆、多边形和其他自定义形状。

图 4-73

用户在绘制形状后，还可根据需要对形状进行编辑。形状的编辑方法与路径的编辑方法完全相同。例如，可增加和删除形状的锚点，移动锚点位置，对锚点的控制柄进行调整，对形状进行缩放、旋转、扭曲、透视和倾斜变形，水平垂直翻转形状等。

默认情况下，用户在使用图形工具绘制图形时，形状图层的内容均以当前前景色填充（未应用任务样式）。形状图层实际上相当于带图层的蒙版的调整图层，形状则位于蒙版中。因此想要更改形态的填充内容，只需要更改图层内容就可以了。执行"图层"→"新建填充图层"→"纯色、渐变、图案"菜单命令，可将形状图层更改相应的内容。

1. 矩形工具

图 4-74

"矩形工具" ▣用来绘制矩形和正方形。选择该工具后，单击并拖动鼠标可以创建矩形；按住 Shift 键拖动则可以创建正方形；按住 Alt 键拖动会以单击点为中心向外创建矩形；按住 Shift+Alt 键会以单击点为中心向外创建正方形。单击选项栏中的"几何选项"按钮▩，可以设置矩形的创建方法，如图 4-74 所示。

- 不受约束：可通过拖动鼠标创建任意大小的矩形和正方形，如图 4-75 所示。
- 方形：拖动鼠标时只能创建任意大小的正方形，如图 4-76 所示。
- 固定大小：点选该项并在它右侧的文本框中输入数值（W 为宽，H 为高度），此后单击鼠标时，只创建预设大小的矩形。图 4-77 所示为宽度 3 厘米、高度 5 厘米的矩形。
- 比例：点选该项并在它右侧的文本框中输入数值（W 为宽度，H 为高度），此后拖动鼠标时，无论创建多大的矩形，矩形的宽度和高度都保持预设的比例。图 4-78 所示为 W：H=1：2。
- 从中心：以任何方式创建矩形时，鼠标在画面中的单击点即为矩形的中心，拖动鼠标时矩形将由中向外扩散。

图 4-75

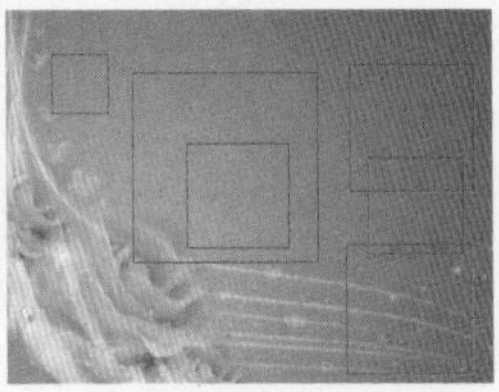

图 4-76

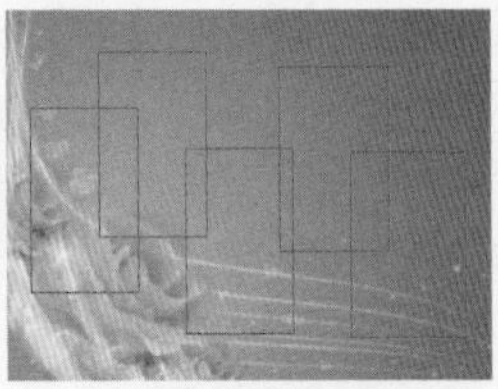

图 4-77

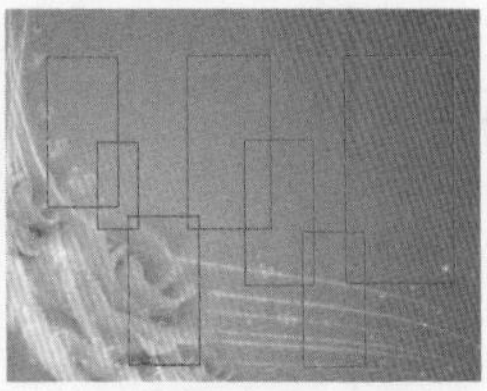

图 4-78

- 对齐边缘：勾选该复选框时，矩形的边缘与像素的边缘重合，图形的边缘不会出现锯齿；取消勾选该复选框时，矩形边缘会出现模糊的像素，如图 4-79 所示。

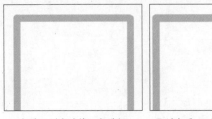

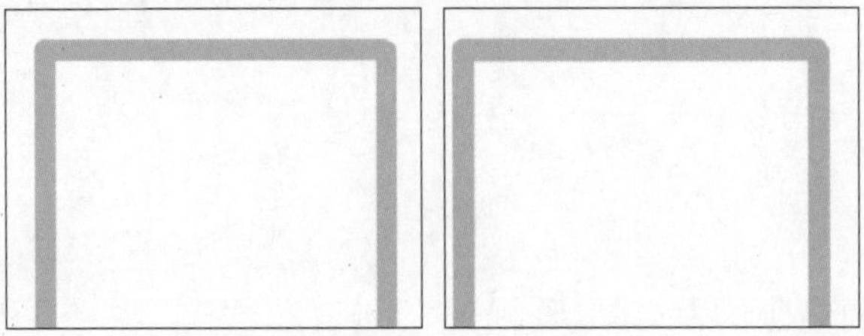

勾选"对齐边缘"复选框　　　取消勾选"对齐边缘"复选框

图 4-79

2. 圆角矩形工具

"圆角矩形工具" ▣用来创建圆角矩形。它的使用方法以及选项大都与"矩形工具"相同，但多了一个"半径"选项，用来设置圆角半径，该值越高，圆角越广，如图 4-80 所示。

3. 椭圆工具

"椭圆工具" ●用来创建椭圆形和圆形。选择该工具后，单击并拖动鼠标可以创建椭圆形，按住 Shift 键拖动则可创建圆形。"椭圆工具"的选项及创建方法与"矩形工具"基本相同，我们可以创建不受约束的椭圆形和圆形，也可以创建固定大小、固定比例的圆形，如图 4-81 所示。

 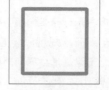 

半径为 10 像素的圆角矩形　　　半径为 50 像素的圆角矩形

图 4-80

椭圆　　　　　　正圆　　　　　椭圆　　　用椭圆工具绘制的花形

图 4-81

4. 多边形工具

"多边形工具" ⚪ 用来创建多边形和星形。选择该工具后，首先要在工具选项栏中设置多边形或星形的边数，范围为 3 ～ 100。单击工具选项栏中的 ▾ 按钮打开一个下拉面板，在面板中可以设置多边形的选项，如图 4-82 所示。

- 半径：设置多边形或星形的半径长度，此后单击并拖动鼠标时将创建指定半径值的多边形或星形。
- 平滑拐角：创建具有平滑拐角的多边形和星形，如图 4-83 所示。

图 4-82

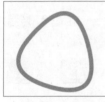   

平滑拐角多边形　　　平滑拐角星形　　　　多边形　　　　　　星形

图 4-83

- 星形：勾选该复选框可以创建星形。在"缩进边依据"文本框中可以设置星形边缘向中心缩进的数量，该值越高，缩进量越大，如图 4-84 所示。选择工具后在图像窗口中单击，会弹出"创建多边形"对话框，勾选"平滑缩进"复选框，可以使星形的边平滑地向中心缩进，如图 4-85 所示。

"创建多边形"对话框　　　缩进边依据：50%　　　缩进边依据：90%　　缩进边依据：90%（平滑缩进）

图 4-84　　　　　　　　　　　　　　　图 4-85

5. 直线工具

"直线工具"  用来创建直线和带有箭头的线段。选择该工具后，单击并拖动鼠标可以创建直线或线段，按住 Shift 键可创建水平、垂直或以 45°角为增量的直线。它的工具选项栏中包含了设置直线粗细的选项，此外，下拉面板中还包含了设置箭头的选项，如图 4-86 所示。

图 4-86

- 起点 / 终点：勾选"起点"复选框，可在直线的起点添加箭头；勾选"终点"复选框，可在直线的终点添加箭头；两项都勾选，则起点和终点都会添加箭头，如图 4-87 所示。

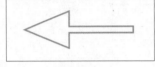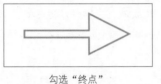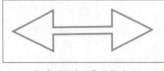

勾选"起点"　　　　　　勾选"终点"　　　　　　勾选"起点"和"终点"

图 4-87

- 宽度：用来设置箭头宽度与直线宽度的百分比，范围为 10% ～ 100%。如图 4-88（a）和（b）所示分别为用不同宽度百分比创建的带有箭头的直线。
- 长度：用来设置箭头长度与直线宽度的百分比，范围为 10% ～ 100%。如图 4-88（c）和（d）所示分别为用不同长度百分比创建的带有箭头的直线。

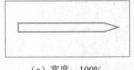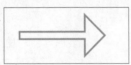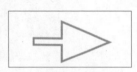

（a）宽度：100%　　（b）宽度：500%　　（c）宽度：500%　　（d）宽度：500%
　　长度：500%　　　　长度：500%　　　　长度：100%　　　　长度：1000%

图 4-88

- 凹度：用来设置箭头的凹陷程度，范围为 -50% ～ 50%。该值为 0 时，箭头尾部平齐；该值大于 0 时，向内凹陷；该值小于 0 时，向外凸出，如图 4-89 所示。

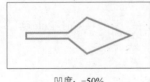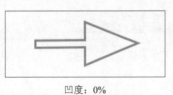

凹度：-50%　　　　　　凹度：0%　　　　　　　凹度：50%

图 4-89

6. 自定义形状工具

使用"自定义形状工具" 可以创建 Photoshop 预设的形状、自定义的形状或者外部提供的形状。选择该工具以后，需要单击工具选项栏中的 ▼按钮，在打开的形状下拉面板中选择一种形状，然后单击并拖动鼠标即可创建该图形。如果要保持形状的比例，可以按住 Shift 键绘制图形。如果要使用其他方法创建图形，可以在"自定义形状选项"下拉面板中设置，如图 4-90 所示。

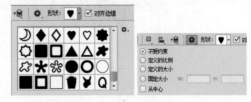

图 4-90

4.6.5 使用"钢笔工具"绘制中转换折点

在 Photoshop 中用"钢笔工具"画路径时是不是路径线总满屏乱跑画不出想要的效果？那是因为不懂得对当前节点实现转折。下面我们来学一个小技巧：在使用"钢笔工具"时，按住鼠标拖曳节点时按 Alt 键，即可实现对当前节点的一个转折，让路径线服服帖帖地照着你的想法走，如图 4-91 所示。

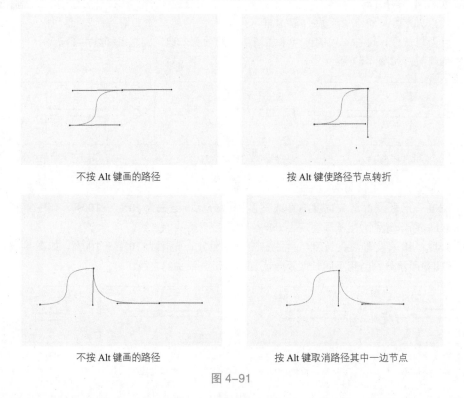

不按 Alt 键画的路径　　　　　　　　　　　按 Alt 键使路径节点转折

不按 Alt 键画的路径　　　　　　　　　　　按 Alt 键取消路径其中一边节点

图 4-91

4.6.6 路径快速转换成选区的方法

在 Photoshop 中用"钢笔工具"抠图后都要先将路径转化为选区，下面介绍一种快速将路径转化为选区的方法。

如果用"钢笔工具"画了一条路径，而现在鼠标的状态又是钢笔的话，只要按 Ctrl+Enter 组合键，路径马上就被作为选区载入，如图 4-92 所示。

画的路径　　　　　　　　　　　　　　　　载入选区

图 4-92

网页界面离不开矢量图形的制作，本章我们将使用 Photoshop 的矢量图形工具，通过将基本元素进行合并、剪切等操作，一个个生动的图形就呈现在眼前了。本章是图标的制作基础，很重要哦！

5.1 Home 图标制作

案例综述

本例是制作单色 Home 图标，主要运用了三种工具，即"钢笔工具""圆角矩形工具""矩形工具"混合使用，完成 Home 图标的制作。本例效果如图 5-1 所示。

造型分析

Home 图标为不规则形状，以三角形和圆角矩形合并形成基本形，以矩形工具的加减运算完成效果。

图 5-1

操作步骤

Step01 新建文档　执行"文件"→"新建"命令，或按快捷键 Ctrl+N，打开"新建"对话框，设置宽度和高度分别为 800 像素 ×600 像素、分辨率为 72 像素 / 英寸，完成后单击"确定"按钮，新建一个空白文档，如图 5-2 所示。

Step02 显示网格　执行"编辑"→"首选项"→"参考线、网格和切片"命令，在打开的"首选项"对话框中，设置网格间距为 80 像素、子网格 4，单击"确定"按钮。执行"视图"→"显示网格"命令，在制作图标的过程中，可以使用网格作为参考，使每个图标大小一致，如图 5-3 所示。

图 5-2

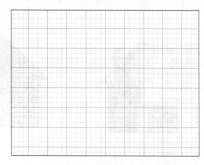

图 5-3

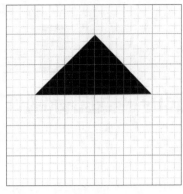

图 5-4

Step03 绘制三角形　选择"钢笔工具"，在选项栏中选择"形状"选项，在网格上进行绘制，得到三角形，如图 5-4 所示。

> **Tips**
>
> 　　绘制三角形，除了使用"钢笔工具"外，还可以使用"多边形工具"，在选项栏中设置边为3，即可绘制出三角形，不过绘制出来后，还需要使用直接选择工具，将节点选中，进行调整。

Step04 绘制矩形　选择"矩形工具"，在选项栏中选择"合并形状"选项，在三角形的右边绘制矩形，如图 5-5 所示。

Step05 绘制圆角矩形　选择"圆角工具"，在选项栏中设置半径为 20 像素，选择"合并形状"选项，在三角形的下方绘制圆角矩形，如图 5-6 所示。

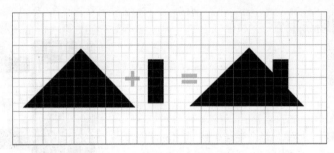

图 5-5

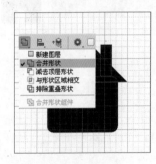
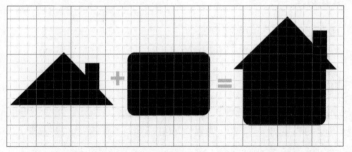

图 5-6

Step06 绘制矩形　选择"矩形工具"，在选项栏中选择"减去顶层形状"选项，在圆角矩形的下方绘制矩形，将需要减去的部分从形状中减去，完成 Home 图标的制作，如图 5-7 所示。

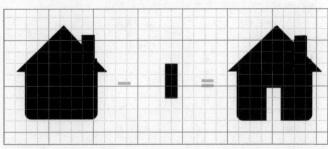

图 5-7

5.2 日历图标制作

案例综述

　　本例是制作日历图标，主要是运用圆角矩形工具绘制基本形，然后进行路径之间的加减运算，最后使用矩形工具进行绘制，完成日历图标的制作。本例效果如图 5-8 所示。

造型分析

　　日历图标以圆角矩形为基本形，上面以圆角矩形的加减运算绘制而成，下方以矩形工具的减法运算进行绘制。

图 5-8

操作步骤

Step01 新建文档　执行"文件"→"新建"命令，或按快捷键 Ctrl+N，打开"新建"对话框，设置宽度和高度分别为 800 像素 ×600 像素、分辨率为 72 像素 / 英寸，完成后单击"确定"按钮，新建一个空白文档，如图 5-9 所示。

Step02 填充背景色　单击工具箱底部前景色图标，弹出"拾色器（前景色）"对话框，设置颜色为 R：68 G：108 B：161，单击"确定"按钮，按快捷键 Alt+Delete，为背景填充蓝色，如图 5-10 所示。

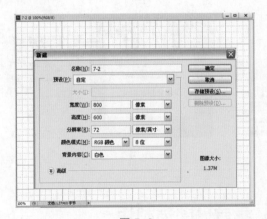

图 5-9

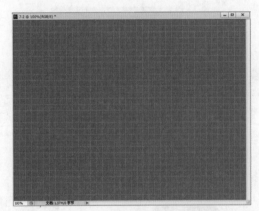

图 5-10

Step03 绘制圆角矩形　设置前景色为 R：238 G：238 B：238，单击"确定"按钮，选择"圆角矩形工具"，在选项栏中设置半径为 20 像素，在图像上绘制圆角矩形，如图 5-11 所示。

Step04 从形状中减去　选择"圆角矩形工具"，在选项栏中设置半径为 100 像素，选择"减

图 5-11

去顶层形状"选项，在图像上方绘制圆角矩形，如图 5-12 所示。

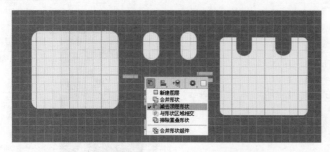

图 5-12

Step05 合并形状　选择"圆角矩形工具"，在选项栏中选择"合并形状"选项，在图像上绘制圆角矩形，绘制后的形状将与原来的形状合并，如图 5-13 所示。

> **Tips**
> 这两步的操作对新手来说，可能有些难度，因为这两步的操作都需要一步到位，新手在刚开始绘制的时候很难掌握尺度，会导致绘制出来的两个圆角矩形或者矩形框不一样大。在这里有一个方法可供参考，在绘制开始之前，可以使用参考线进行标注，然后根据参考线进行绘制，实在不行的话，也可以将其绘制为单独的图层，调整到大小合适后进行复制，移动到合适的位置，最后将图层进行合并。

Step06 减去形状　选择"矩形工具"，在选项栏中选择"减去顶层形状"选项，在图像上绘制矩形，绘制后的形状区域将从原来的区域中减去，如图 5-14 所示。

图 5-13

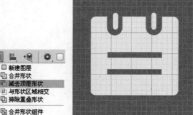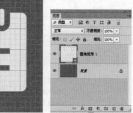

图 5-14

图 5-15

5.3 录音机图标制作

案例综述

　　本例制作录音机图标，主要通过"圆角矩形工具"和"矩形工具"搭配使用完成形状。本例效果如图 5-15 所示。

造型分析

　　录音机图标为不规则形状，上面以圆角矩形单独绘制而成，下面以圆角矩形和矩形混合制作形成。

▭—[操作步骤]—▭

Step01 新建文档　执行"文件"→"新建"命令，或按快捷键 Ctrl+N，打开"新建"对话框，设置宽度和高度分别为 800 像素 ×600 像素、分辨率为 72 像素 / 英寸，完成后单击"确定"按钮，新建一个空白文档，如图 5-16 所示。

Step02 绘制圆角矩形　选择"圆角矩形工具"，在选项栏中设置半径为 100 像素，设置前景色为黑色，在图像上绘制圆角矩形，如图 5-17 所示。

图 5-16

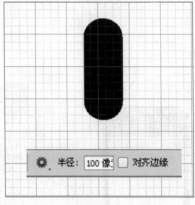

图 5-17

Step03 绘制圆角矩形　为了方便操作，我们将使用参考线来进行衡量。按快捷键 Ctrl+R，打开"标尺工具"，从垂直和水平方向拉出参考线，再次选择"圆角矩形工具"，以红色的外围参考线为基准建立圆角矩形，如图 5-18 所示。

Step04 从形状中减去　选择"圆角矩形工具"，在选项栏中选择"减去顶层形状"选项，以红色的内围参考线为基准建立圆角矩形，可将建立的选区从原始的形状上进行减去。选择"矩形工具"，建立选区，减去多余的形状，如图 5-19 所示。

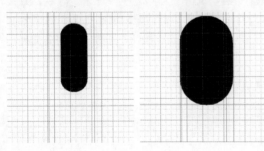

图 5-18

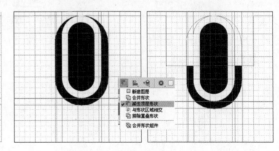

图 5-19

Step05 新建矩形　选择"矩形工具"，在选项栏中选择"新建图层"选项，在形状下方建立矩形框，完成效果，如图 5-20 所示。

步骤拆解示意图如图 5-21 所示。

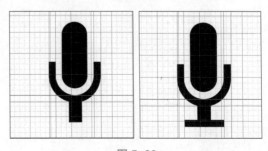

图 5-20

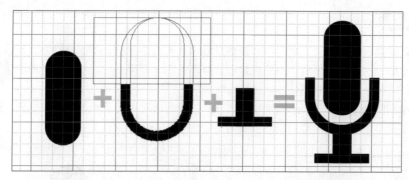

图 5-21

图 5-22

5.4 文件夹图标制作

案例综述

本例是制作文件夹图标，使用"钢笔工具""矩形工具"和图层样式以及"自由变换"命令完成制作。本例效果如图 5-22 所示。

造型分析

文件夹图标以"钢笔工具"绘制出基本形，通过一系列操作，可形成基本形，最后添加纸张，表现质感。

操作步骤

Step 01 新建文档 执行"文件"→"新建"命令，或按快捷键 Ctrl+N，打开"新建"对话框，设置宽度和高度分别为 600 像素 ×600 像素、分辨率为 72 像素 / 英寸，完成后单击"确定"按钮，新建一个空白文档，如图 5-23 所示。

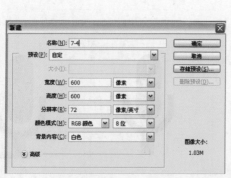

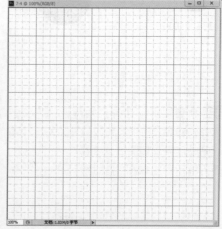

图 5-23

Step02 **绘制文件夹外形**   选择"钢笔工具",在选项栏中选择"形状"选项,在图像上绘制文件夹外形,如图 5-24 所示。打开"图层样式"对话框,勾选"渐变叠加"复选框,设置渐变条从左到右依次为 R:555 G:210 B:122、R:255 G:185 B:18,效果如图 5-25 所示。选择"描边"复选框,设置"大小"为 1 像素、"颜色"为 R:192 G:124 B:51,效果如图 5-26 所示。勾选"内发光"复选框,设置"混合模式"为"正常"、"颜色"为白色、"阻塞"为 100%、"大小"为 1 像素,文件夹效果如图 5-27 所示。

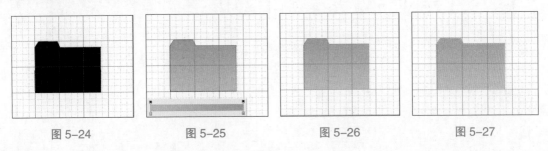

图 5-24　　　　　　　图 5-25　　　　　　　图 5-26　　　　　　　图 5-27

Tips
你在使用钢笔工具绘制文件夹的时候,会不会遇到这样的问题:在图像上单击绘制一个锚点的时候,这个锚点会自动吸附到网格上,从而导致想要绘制的形状出现偏差。如果有这样的问题,不要着急,执行"视图"→"对齐"命令,取消勾选"对齐",这样你就可以随心所欲地在画布上绘制形状了。

Step03 **表现透视效果**   将文件夹图层进行复制,选择复制后的图层,按快捷键 Ctrl+T,自由变换,右击,在弹出的快捷菜单中选择"透视"命令,如图 5-28 所示。将鼠标指针确定在右上角的节点上,向右轻轻拖动节点,使文件夹外形向两边扩张,如图 5-29 所示。按 Enter 键确认,效果如图 5-30 所示。

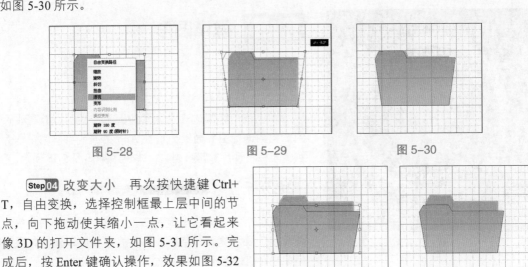

图 5-28　　　　　　　图 5-29　　　　　　　图 5-30

Step04 **改变大小**   再次按快捷键 Ctrl+T,自由变换,选择控制框最上层中间的节点,向下拖动使其缩小一点,让它看起来像 3D 的打开文件夹,如图 5-31 所示。完成后,按 Enter 键确认操作,效果如图 5-32 所示。

图 5-31　　　　　　　图 5-32

Step05 **制作一张纸**   选择"矩形工具",在文件夹上绘制一张纸,如图 5-33 所示。打开该图层的"图层样式"对话框,勾选"渐变叠加"和"描边"复选框,设置参数,为纸片添加质感,效果如图 5-34 所示。

Step06 **表现文件夹立体感**   按快捷键 Ctrl+T,自由变换,将纸张向左进行旋转,将纸张图层移

动到 "形状 1 副本" 图层的下方，如图 5-35 所示，现在图标看起来漂亮多了。我们还可以使它更酷一些，只需要将 "形状 1 副本" 图层的不透明度降低到 50%～ 60% 左右，如图 5-36 所示。

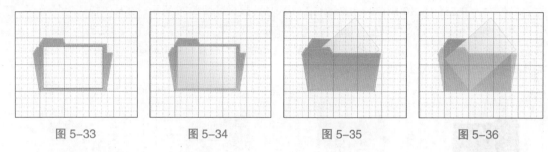

图 5-33　　　　图 5-34　　　　图 5-35　　　　图 5-36

步骤拆解示意图如图 5-37 所示。

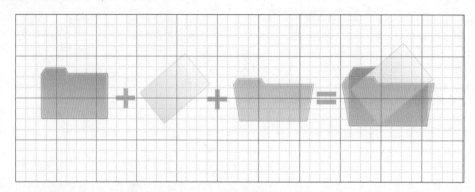

图 5-37

5.5 徽章图形

图 5-38

案例综述

　　本例我们将制作一个徽章的图形，也可以算是硬币的图案，这种图案通常出现在 App 页面或者网站中作为宣传图标出现，非常吸引人。本例效果如图 5-38 所示。

配色分析

　　金色给人以热烈辉煌的感觉，有一种富贵的象征，通常用于表示奖励、荣誉。本例的徽章可以使用在品质保证或者信誉标牌上。

操作步骤

Step01 新建文档　执行 "文件" → "新建" 命令，或按快捷键 Ctrl+N，打开 "新建" 对话框，设置宽度和高度分别为 650 像素 ×560 像素、分辨率为 72 像素 / 英寸，完成后单击 "确定" 按钮，新建一个空白文档，如图 5-39 所示。

Step 02 为背景填充颜色　单击前景色图标，在弹出的"拾色器（前景色）"对话框中设置参数，改变前景色，按快捷键 Alt+Delete 为背景填充前景色，如图 5-40 所示。

图 5-39

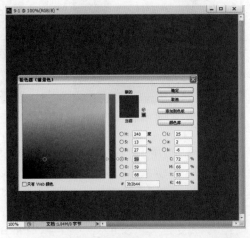

图 5-40

Step 03 绘制外形，添加效果　选择"多边形工具"，在选项栏中设置边为 60，单击设置按钮 ⚙️，在弹出的面板中设置参数，以白色为前景色，绘制徽章的外部轮廓，如图 5-41 所示，得到"形状 1"图层。打开"图层样式"对话框，勾选"渐变叠加"复选框，设置参数，如图 5-42 所示。形状渐变效果如图 5-43 所示。

Step 04 绘制同心圆　按快捷键 Ctrl+R，打开"标尺工具"，从标尺中拉出参考线，使其水平和垂直方向都位于外形轮廓的中央位置，然后选择"椭圆工具"，按住快捷键 Alt+Shift 从参考线交接的地方拖曳开始绘制正圆，得到"椭圆 1"图层，如图 5-44 所示。为该图层添加图层蒙版，设置前景色为黑色，绘制正圆，可显示底部形状的颜色，如图 5-45 所示。

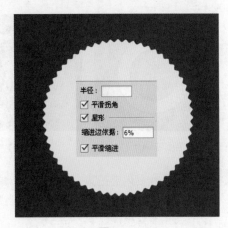

图 5-41

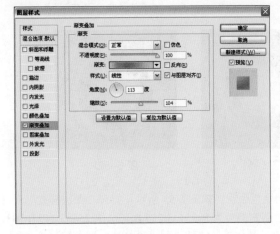

图 5-42

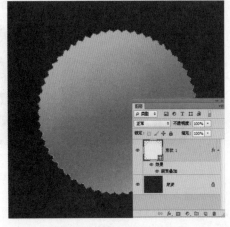

图 5-43

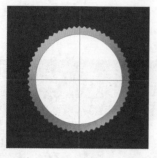
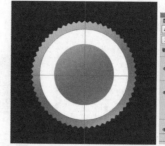
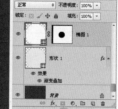

图 5-44   图 5-45

Step 05 添加效果　打开"椭圆 1"图层的"图层样式"对话框，在左侧列表中勾选"描边"复选框，设置"大小"为 3 像素、"颜色"为 R:42 G:23 B:6，效果如图 5-46 所示。勾选"颜色叠加"复选框，设置"混合模式"为"线性加深"、"颜色"为 R:82 G:61 B:23，效果如图 5-47 所示。勾选"图案叠加"复选框，选择图案，设置"缩放"为 165%，效果如图 5-48 所示。勾选"投影"复选框，设置"混合模式"为"变亮"、"颜色"为 R:244 G:196 B:81、"角度"为 180°、取消勾选"使用全局光"复选框，设置"扩展"为 100%、"大小"为 4 像素，效果如图 5-49 所示。

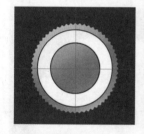

图 5-46   图 5-47   图 5-48   图 5-49

Step 06 绘制内部正圆　再次选择"椭圆工具"，将鼠标指针放置于参考线交接的中心点上，按住 Alt+Shift 键拖曳鼠标绘制正圆。得到"椭圆 2"图层，打开该图层的"图层样式"对话框，勾选"内阴影"复选框，设置"混合模式"为"正片叠底"、"颜色"为 R:183 G:124 B:0、"角度"为 180°、取消勾选"使用全局光"复选框，设置"扩展"为 1%、"大小"为 95 像素，效果如图 5-50 所示。勾选"颜色叠加"复选框，设置"混合模式"为"线性加深"、"颜色"为 R:255 G:205 B:48，效果如图 5-51 所示。勾选"图案叠加"复选框，选择一种"细纹"图案为正圆添加效果，如图 5-52 所示。

图 5-50   图 5-51   图 5-52

Step 07 绘制星星　选择"钢笔工具"，绘制星星形状，如图 5-53 所示。打开"图层样式"对话框，勾选"渐变叠加"复选框，设置渐变条，从左到右颜色为 R:251 G:255 B:136、R:254 G:249 B:203，如图 5-54 所示。勾选"投影"复选框，设置"混合模式"为正片叠加、"颜色"为 R:66 G:44 B:7、

"不透明度"为 36%、"角度"为 120°，取消勾选"使用全局光"复选框，效果如图 5-55 所示。

图 5-53　　　　　　　　　图 5-54　　　　　　　　　图 5-55

Step08 复制星星　将星星图层进行复制。按快捷键 Ctrl+T，自由变换，将其缩小，移动位置，如图 5-56 所示。按住 Alt 键的同时选中星星形状，移动位置，可将其进行复制，得到多个星星形状，如图 5-57 所示。

Step09 添加文字　选择"横排文字工具"，在选项栏中设置文字的颜色、大小、字体等属性，在图像上输入文字，完成效果如图 5-58 所示。

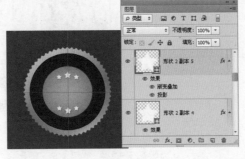

图 5-56　　　　　　　　　图 5-57　　　　　　　　　图 5-58

Tips

　　在这一步中，输入的文字属于路径文字，需要先建立路径，然后输入文字，可以使用钢笔工具或椭圆工具在图像上建立路径，使用文字工具在路径上单击，输入文字，即可形成路径文字。

5.6 秒表图形

案例综述

　　本例将制作一个秒表图形。这个图形设计参考了简约风格的表盘，配上醒目的红色警示指针，让人感觉到平静中有些不安。本例效果如图 5-59 所示。

配色分析

灰色给人以冷酷或简约的感觉，本例将红色元素融于大面积

图 5-59

灰色中，让人感觉到 Mbps（传输速率）是极速的。

操作步骤

Step 01 新建文档 执行"文件"→"新建"命令，或按快捷键 Ctrl+N，打开"新建"对话框，设置宽度和高度分别为 1280 像素 ×1024 像素、分辨率为 72 像素 / 英寸，完成后单击"确定"按钮，新建一个空白文档，如图 5-60 所示。

Step 02 填充背景色 单击前景色图标，在弹出的"拾色器（前景色）"对话框中设置参数，改变前景色，按快捷键 Alt+Delete 为背景填充前景色，如图 5-61 所示。

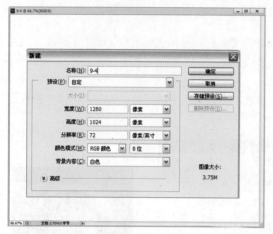

图 5-60

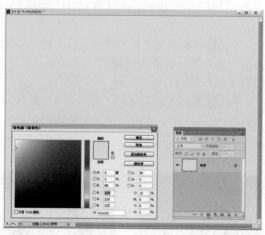

图 5-61

Step 03 绘制秒表外形 选择"椭圆选框工具"，按住 Shift 键绘制正圆，如图 5-62 所示。设置前景色为白色，新建"图层 1"图层，为选区填充白色，如图 5-63 所示。按快捷键 Ctrl+D，取消选区，如图 5-64 所示。

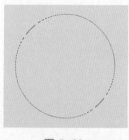

图 5-62

图 5-63

图 5-64

Step 04 添加效果 打开"图层样式"对话框，勾选"颜色叠加"复选框，设置"不透明度"为62%，设置渐变条，从左到右依次是 R:188 G:188 B:188、R:0 G:0 B:0、R:255 G:255 B:255、R:171 G:171 B:171，设置"角度"为 118°，如图 5-65 所示。勾选"投影"复选框，设置"距离"为 16 像素、"大小"为 24 像素，如图 5-66 所示。

Step 05 绘制同心圆 打开"标尺工具"，拉出参考线，使其位于正圆的中央，再次选择"椭圆选框工具"，从参考线交接的地方开始，按住 Alt+Shift 键绘制同心圆，如图 5-67 所示。新建"图层 2"图层，填充白色，打开"图层样式"对话框，勾选"渐变叠加"复选框，设置"不透明度"为 0%，效果如图 5-68 所示。勾选"内阴影"复选框，设置"不透明度"40%、"距离"为 8 像素、"大小"

为 9 像素，效果如图 5-69 所示。勾选"光泽"复选框，设置"混合模式"为正常、"颜色"为白色，设置"不透明度"为 61%、"距离"为 85 像素、"大小"为 73 像素，效果如图 5-70 所示。

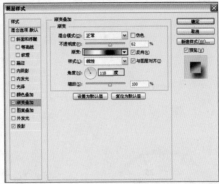

图 5-65

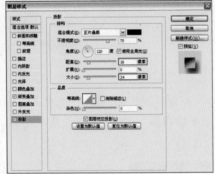

图 5-66

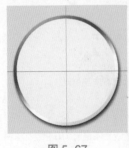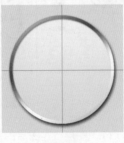

图 5-67　　　　　　　　图 5-68　　　　　　　　图 5-69　　　　　　　　图 5-70

Step06 绘制秒表刻度　绘制一个矩形的小刻度，将其复制一次，执行"自由变换"命令移动旁边的位置，并将其旋转，然后将中心点移动到参考线交接的地方，按 Enter 键确认，多次按 Ctrl+Alt+Shift+T 键可得到刻度，如图 5-71 所示。用同样的方法绘制分针刻度，效果如图 5-72 所示。

Tips

要移动中心点的位置时，可按住 Alt 键选取并移动。

Step07 输入文字并建立选区　选择"横排文字工具"输入文字，如图 5-73 所示。然后选择"钢笔工具"，在图像上建立选区，如图 5-74 所示。

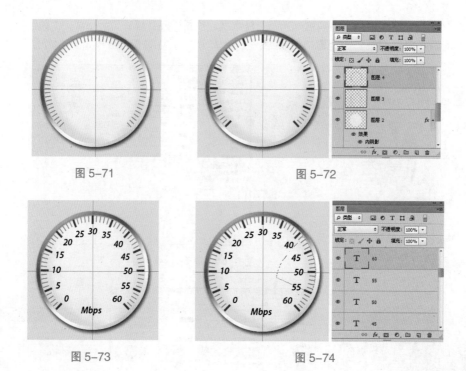

图 5-71

图 5-72

图 5-73

图 5-74

Step08 为选区添加渐变　新建"图层 5"图层，选择"渐变工具"，在选项栏中单击可编辑渐变按钮 ，弹出"渐变编辑器"对话框，选设置渐变条，在选区内进行拖曳，绘制渐变，如图 5-75 所示。

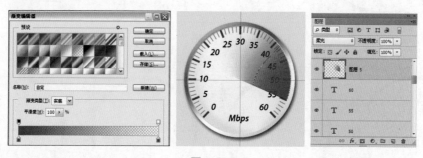

图 5-75

Step09 改变混合模式　将"图层 5"图层的混合模式设置为"柔光"，效果如图 5-76 所示。将其复制两次，效果如图 5-77 所示。选择"图层 5 副本 2"图层，设置"混合模式"为"正常"，调整"不透明度"为 40%，效果如图 5-78 所示。

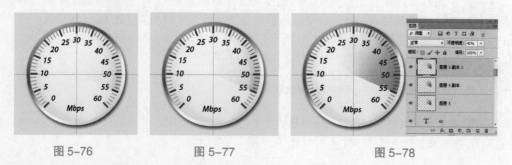

图 5-76　　　　　图 5-77　　　　　　　　图 5-78

Step10 绘制指针　选择"钢笔工具",绘制指针形状,如图 5-79 所示。打开该图层的"图层样式"对话框,勾选"投影"复选框,设置参数,为其添加投影效果,如图 5-80 所示。

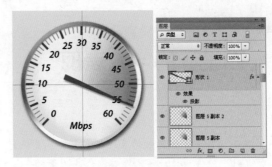

图 5-79　　　　　　　　　　　　　　　　　图 5-80

Step11 绘制正圆　选择"椭圆选框工具",绘制正圆,新建图层,填充白色,效果如图 5-81 所示。打开"图层样式"对话框,勾选"渐变叠加"复选框,设置渐变条,从左到右依次是 R:201 G:201 B:201、R:255 G:255 B:255,设置"角度"为 110°,如图 5-82 所示。勾选"投影"复选框,设置"不透明度"为 36%、"距离"为 16 像素、"大小"为 24 像素,单击"确定"按钮,为其添加立体感,完成效果如图 5-83 所示。

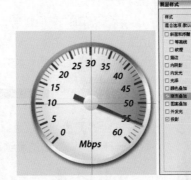

图 5-81　　　　　　　　　　　　　　　　　图 5-82

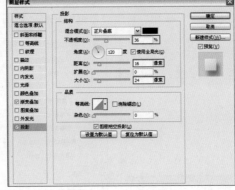

图 5-83

第6章
网页界面设计的字效表现

在网页界面设计中字体特效的表现非常重要，美观好的字体和字效设计能够让画面锦上添花，让界面更加吸引人。作为设计师，能够制作高质量的字体特效不失为一件非常快乐的事情。

图 6-1

6.1 星星字体

案例综述

在本例中，我们将学会使用横排文字工具和画笔描边路径制作星星字体，大量使用"画笔"面板中的选项，为文字添加星星效果。本例效果如图 6-1 所示。

配色分析

多彩的颜色，如蓝色、红色、绿色等配合星形笔刷给人一种热闹、欢乐的感觉。

操作步骤

Step01 新建文档 执行"文件→新建"命令，或按快捷键 Ctrl+N，打开"新建"对话框，设置宽度和高度分别为 800 像素 ×400 像素、分辨率为 72 像素 / 英寸，完成后单击"确定"按钮，新建一个空白文档，如图 6-2 所示。

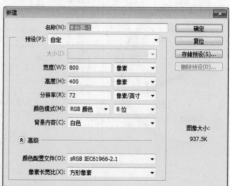

图 6-2

Step 02　定义星星图案　新建图层，关闭背景图层的显示，如图 6-3 所示。在工具栏中选择"多边形工具"，在画面上绘制一个五角星，如图 6-4 所示。执行"编辑"→"定义画笔预设"命令，将五角星定义为图案，如图 6-5 所示。

图 6-3

图 6-4

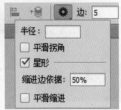

Step 03　填充颜色　删除五角星图层，打开背景图层前的眼睛，在工具栏中设置前景色为 R:36 G:36 B:36，按快捷键 Alt+Delete 为背景图层填充颜色，如图 6-6 所示。

图 6-5

图 6-6

Step 04　输入文字并创建路径　选择"横排文字工具"，在画面上单击输入文字，调出文字选区，设置前景色为白色，在选项栏中设置文字的属性，如图 6-7 所示。按住 Ctrl 键的同时单击文字图层缩略图，调出文字图层选区，效果如图 6-8 所示。在"图层"面板中单击"路径"按钮，单击"路径"面板下方的"从选区生成路径"按钮，效果如图 6-9 所示。回到"图层"面板中，关闭文字图层前面的眼睛图标，将文字隐藏，效果如图 6-10 所示。

图 6-7　　　　　　　　图 6-8　　　　　　　　图 6-9　　　　　　　　图 6-10

Step 05　画笔描边　新建图层，设置前景色，如图 6-11 所示。在"画笔"面板中选择自定义的星形笔触，设置"大小"为 40 像素、"间距"为 165%，如图 6-12 所示。勾选"形状动态"复选框，如图 6-13 所示设置参数。勾选"散布"复选框，如图 6-14 所示设置参数。右击路径图层，在弹出的快捷菜单中选择"描边路径"命令，在"描边路径"对话框中设置工具为"画笔"，如图 6-15 所示，单击"确定"按钮。

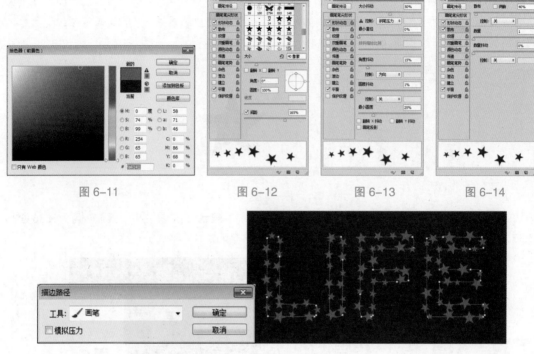

图 6-11   图 6-12   图 6-13   图 6-14

图 6-15

Step 06 添加阴影   回到"图层"面板中，双击描边图层，在弹出的"图层样式"对话框中勾选"投影"复选框，设置"混合模式"为正常、"不透明度"为 100%、"角度"为 120°、"距离"为 5 像素、"大小"为 4 像素，如图 6-16 所示，单击"确定"按钮。

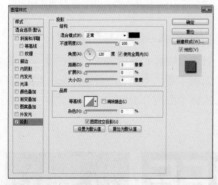
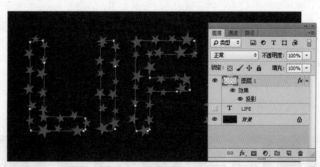

图 6-16

Step 07 画笔描边   新建图层，设置前景色为白色。在工具栏中选择"画笔工具"，按 F5 键，在弹出的"画笔"面板中选择画笔笔触，如图 6-17 所示，设置画笔参数。在"图层"面板中单击"路径"按钮，右击路径图层，在弹出的快捷菜单中选择"描边路径"命令。复制上一描边图层的图层样式，效果如图 6-18 所示。

Step 08 画笔描边   新建图层，设置前景色为蓝色。在工具栏中选择"画笔工具"，按 F5 键，在弹出的"画笔"面板中选择画笔笔触，如图 6-19 所示，设置画笔参数。在"图层"面板中单击"路径"按钮，右击路径图层，在弹出的快捷菜单中选择"描边路径"命令。复制上一描边图层的图层样式，效果如图 6-20 所示。

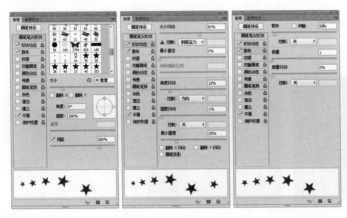

图 6-17

图 6-18

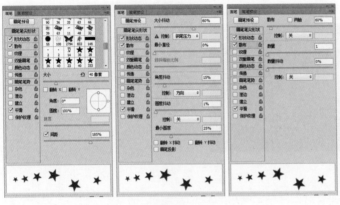

图 6-19

图 6-20

Step09 画笔描边 新建图层，设置前景色为绿色。在工具栏中选择"画笔工具"，按 F5 键，在弹出的"画笔"面板中选择画笔笔触，如图 6-21 所示，设置画笔参数。在"图层"面板中单击"路径"按钮，右击路径图层，在弹出的快捷菜单中选择"描边路径"命令。复制上一描边图层的图层样式，效果如图 6-22 所示。

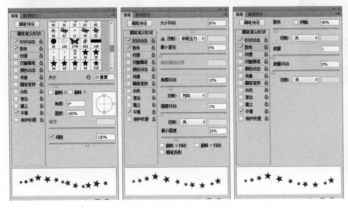

图 6-21

图 6-22

Step10 创建新路径 在"图层"面板中单击"路径"按钮，调出路径图层的选区，效果如图 6-23

所示。执行"选择"→"修改"→"收缩"命令，在弹出的"收缩选取"对话框中设置收缩量为 10像素，如图 6-24 所示，单击"确定"按钮。将路径图层复制一层，单击"路径"面板下方的"从选区生成路径"按钮，生成新路径，如图 6-25 所示。

图 6-23

图 6-24

图 6-25

Step 11 画笔描边 结合两个大小不一样的路径，利用同样的画笔描边的方法，制作出更多的各种颜色、大小的星星叠加的效果，最终效果如图 6-26 所示。

图 6-26

6.2 炫酷蓝色金属字体

案例综述

本例中，设计师采用光泽渐变叠加等为文字制作出金属特有的生锈的质感，再利用斜面和浮雕、投影制作出厚度和立体感，接着为文字添加与画面相配的颜色，最后对整体色调进行最后的调整。本例效果如图 6-27 所示。

【配色分析】

金属具有特有的色彩和光泽，强度大，棱角分明。金属字体具有微凸状及本身具有金属光泽的特征，可达到在视觉上呈现出立体感及质感等目的。

◆ 操作步骤 ◆

Step01 打开文件　执行"文件"→"打开"命令，在弹出的对话框中选择"背景素材 .jpg"素材，将其打开，如图 6-28 所示。

Step02 导入素材　执行"文件"→"打开"命令，在弹出的对话框中选择"光效 .psd""盒子 .psd""三角 .psd"素材，将其打开拖入场景中，如图 6-29 所示。

图 6-27

图 6-28

图 6-29

Step03 绘制扬声器　单击工具箱中的"椭圆工具"按钮，在选项栏中设置工作模式为"像素"，按住 Shift 键，在页面上绘制正圆形状，将图层名称修改为"扬声器"，如图 6-30 所示。

Step04 添加内阴影　双击"扬声器"图层，在弹出的"图层样式"对话框中勾选"内阴影"复选框，设置参数为其添加效果，如图 6-31 所示。

图 6-30

图 6-31

Step05 添加颜色叠加　继续在"图层样式"对话框中勾选"颜色叠加"复选框，设置参数为其添加效果，如图 6-32 所示。

Step06 添加图案叠加　继续在"图层样式"对话框中勾选"图案叠加"复选框，设置参数为其添加效果，如图 6-33 所示。

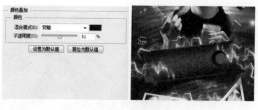

图 6-32 图 6-33

Step 07 添加文字 单击工具箱中的"横版文字工具"按钮，在选项栏中设置文字的字体为 Pump Demi Bold、字号为 126.8、颜色为紫色（R:155 G:121 B:143），在页面上输入文字，如图 6-34 所示。

Step 08 添加光泽 双击文字图层，在弹出的"图层样式"对话框中勾选"光泽"复选框，设置参数为其添加效果，如图 6-35 所示。

图 6-34 图 6-35

Step 09 添加渐变叠加 继续在"图层样式"对话框中勾选"渐变叠加"复选框，设置参数为其添加效果，如图 6-36 所示。

Step 10 添加投影 继续在"图层样式"对话框中勾选"投影"复选框，设置参数为其添加效果，如图 6-37 所示。

图 6-36 图 6-37

Step 11 更多效果 使用同样的方法制作出其他相同的"ECHO"文字，在"图层"面板中将新制作的"ECHO"文字图层的填充调整为 0%，如图 6-38 所示。

Step 12 添加文字 单击工具箱中的"横版文字工具"按钮，在选项栏中设置文字的字体为 Pristina、字号为 88、颜色为白色，在页面上输入文字，如图 6-39 所示。

Step 13 添加内阴影 双击文字图层，在弹出的"图层样式"对话框中勾选"内阴影"复选框，设置参数为其添加效果，如图 6-40 所示。

Step 14 添加渐变叠加 继续在"图层样式"对话框中勾选"渐变叠加"复选框，设置参数为其添加效果，如图 6-41 所示。

Step 15 添加颜色叠加 继续在"图层样式"对话框中勾选"颜色叠加"复选框，设置参数为其添加效果，如图 6-42 所示。

图 6-38 　　　　　　　　　　　　　　图 6-39

图 6-40 　　　　　　　　　　　　　　图 6-41

Step 16 添加投影　继续在"图层样式"对话框中勾选"投影"复选框，设置参数为其添加效果，如图 6-43 所示。

图 6-42 　　　　　　　　　　　　　　图 6-43

Step 17 添加通道混合器　单击"图层"面板下方的"创建新的填充或调整图层"按钮，在弹出的下拉列表中选择"通道混合器"选项，在弹出的对话框中设置参数，对图像的整体进行调整，如图 6-44 所示。

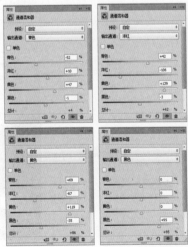

图 6-44

Step18 删除蒙版 选择"通道混合器1"图层，将其图层蒙版进行删除，并在"图层"面板中将图层的不透明度调整为16%，混合模式调整为"正片叠底"，如图6-45所示。

Step19 添加通道混合器 使用同样的方法，继续创建一个新的通道混合器图层为"通道混合器2"，设置参数，添加效果，如图6-46所示。

Step20 删除蒙版 选择"通道混合器2"图层，将其图层蒙版进行删除，并在"图层"面板中将图层的不透明度调整为86%，如图6-47所示。

图 6-45

图 6-46

Step21 添加渐变映射 单击"图层"面板下方的"创建新的填充或调整图层"按钮，在弹出的下拉列表中选择"渐变映射"选项，在弹出的对话框中设置参数，对图像的整体进行调整，如图6-48所示。

图 6-47

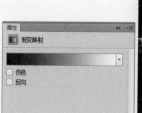

图 6-48

Step22 删除蒙版　选择"渐变映射 1"图层，将其图层蒙版进行删除，并在"图层"面板中将图层的不透明度调整为 12%，混合模式调整为"叠加"，如图 6-49 所示。

Step23 添加色阶　单击"图层"面板下方的"创建新的填充或调整图层"按钮，在弹出的下拉列表中选择"色阶"选项，在弹出的对话框中设置参数，对图像的整体进行调整，如图 6-50 所示。

图 6-49

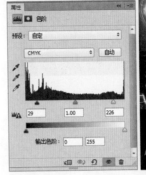

图 6-50

Step24 添加色相 / 饱和度　单击"图层"面板下方的"创建新的填充或调整图层"按钮，在弹出的下拉列表中选择"色相 / 饱和度"选项，在弹出的对话框中设置参数，对图像的整体进行调整，如图 6-51 所示。

Step25 删除蒙版　选择"色相 / 饱和度 1"图层，将其图层蒙版进行删除，并在"图层"面板中将图层的不透明度调整为 41%，如图 6-52 所示。

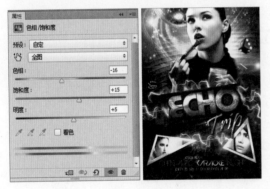

图 6-51

图 6-52

Step26 添加色阶　单击"图层"面板下方的"创建新的填充或调整图层"按钮，在弹出的下拉列表中选择"色阶"选项，在弹出的对话框中设置参数，对图像的整体进行调整，如图 6-53 所示。

Step27 调整不透明度　选择"色阶 2"图层，在"图层"面板中将图层的不透明度调整为 78%，如图 6-54 所示。

Step28 添加纯色　单击"图层"面板下方的"创建新的填充或调整图层"按钮，在弹出的下拉列表中选择"纯色"选项，在弹出的对话框中设置参数，对图像的整体进行调整，如图 6-55 所示。

Step29 绘制细节　选择"纯色 1"图层的图层蒙版的缩览图，设置前景色为黑色，使用"画笔工具"在页面上进行涂抹，将部分效果进行隐藏，在"图层"面板中调整图层的混合模式为"颜色减淡（添加）"，最终效果如图 6-56 所示。

图 6-53

图 6-54

图 6-55

图 6-56

图 6-57

6.3 立体岩石材质字体制作

案例综述

　　本例中的立体岩石材质字体的制作主要用到了图层样式的叠加，设计师首先选择了与岩石相近的颜色制作文字，再通过斜面和浮雕、投影等让文字具有立体感，最后通过渐变叠加等使得文字过渡色、光影更加自然。本例效果如图 6-57 所示。

配色分析

　　以岩石为创作灵感制作出的岩石材质字体特点鲜明，这种立体岩石效果文字特效就像是在岩石上雕刻出的文字，很有鬼斧神工、大气蓬勃之气势，很适合运用到海报中。

操作步骤

　　Step 01 打开文件　执行"文件"→"打开"命令，在弹出的对话框中选择"背景素材.jpg"素材，将其打开，如图 6-58 所示。

　　Step 02 添加文字　单击工具箱中的"横版文字工具"按钮，在选项栏中设置文字的字体、字号、颜色等参数，在页面上输入文字，如图 6-59 所示。

图 6-58

图 6-59

Step03 添加斜面和浮雕 双击文字图层，在弹出的"图层样式"对话框中勾选"斜面和浮雕"复选框，设置参数为其添加效果，如图 6-60 所示。

Step04 添加内阴影 继续在"图层样式"对话框中勾选"内阴影"复选框，设置参数为其添加效果，如图 6-61 所示。

图 6-60

图 6-61

Step05 绘制颜色叠加 继续在"图层样式"对话框中勾选"颜色叠加"复选框，设置参数为其添加效果，如图 6-62 所示。

Step06 添加投影 继续在"图层样式"对话框中勾选"投影"复选框，设置参数为其添加效果，如图 6-63 所示。

图 6-62

图 6-63

Step07 添加文字 使用"横版文字工具"继续在页面上输入文字，如图 6-64 所示。

Step08 添加渐变叠加 双击文字图层，在弹出的"图层样式"对话框中勾选"渐变叠加"复选框，设置参数为其添加效果，如图 6-65 所示。

Step09 添加斜面和浮雕 继续在"图层样式"对话框中勾选"斜面和浮雕"复选框，设置参数为其添加效果，如图 6-66 所示。

Step10 添加光泽 继续在"图层样式"对话框中勾选"光泽"复选框，设置参数为其添加效果，如图 6-67 所示。

图 6-64　　　　　　　　　　　　　　　　　图 6-65

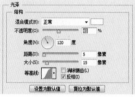

图 6-66　　　　　　　　　　　　　　　　　图 6-67

Step 11 添加图案叠加　继续在"图层样式"对话框中勾选"图案叠加"复选框，设置参数为其添加效果，如图 6-68 所示。

Step 12 添加投影　继续在"图层样式"对话框中勾选"投影"复选框，设置参数为其添加效果，如图 6-69 所示。

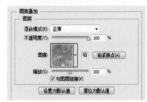

图 6-68　　　　　　　　　　　　　　　　　图 6-69

Step 13 更多效果　使用同样的方法制作其他文字，如图 6-70 所示。

Step 14 导入素材　执行"文件"→"打开"命令，在打开的对话框中选择"文字 .psd"素材，将其打开拖入场景中，如图 6-71 所示。

图 6-70　　　　　　　　　　　　　　　　　图 6-71

Step15 导入素材　继续在打开的对话框中选择"光点 .psd"素材，将其打开拖入场景中，如图 6-72 所示。

Step16 调整图层　在"图层"面板中，设置"光点"图层的"混合模式"为"滤色"，不透明度为 78%，如图 6-73 所示。

图 6-72

图 6-73

Step17 添加照片滤镜　单击"图层"面板下方的"创建新的填充或调整图层"按钮，在弹出的下拉列表中选择"照片滤镜"选项，在弹出的对话框中设置参数，对图像的整体进行调整，如图 6-74 所示。

Step18 添加色彩平衡　继续单击"图层"面板下方的"创建新的填充或调整图层"按钮，在弹出的下拉列表中选择"色彩平衡"选项，在弹出的对话框中设置参数,对图像的整体进行调整，如图 6-75 所示。

图 6-74

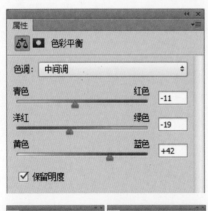

图 6-75

Step 19 添加色阶　单击"图层"面板下方的"创建新的填充或调整图层"按钮，在弹出的下拉列表中选择"色阶"选项，在弹出的对话框中设置参数，对图像的整体进行调整，最终效果如图 6-76所示。

图 6-76

第**7**章

网页元素设计技巧

第 6 章我们学习了各种字体设计，相信大家对网页界面的细节制作有了一定的认识。本章我们将学习一些登录框、菜单、列表和日历等界面的设计，学会了这些知识，相信你已经掌握了 80% 以上的网页界面制作技巧。

7.1 登录界面

案例综述

本例我们制作一个登录界面输入框及按钮。登录界面在软件中较为常见，必须在有限的空间中妥善安排图文构成。在设计登录界面时，首先应该考虑文字输入框的便利程度。本例效果如图 7-1 所示。

图 7-1

配色分析

灰色输入框要求用户在其中输入信息，然后单击绿色的登录按钮，整个配色简单清晰。

操作步骤

Step 01 新建文档　执行"文件"→"新建"命令，或按快捷键 Ctrl+N，打开"新建"对话框，设置宽度和高度分别为 800 像素 ×600 像素、分辨率为 72 像素英寸，完成后单击"确定"按钮，新建一个空白文档，如图 7-2 所示。

Step 02 填充背景色　单击前景色图标，在弹出的"拾色器（前景色）"对话框中设置前景色为黑色，按快捷键 Alt+Delete 为背景填充前景色，如图 7-3 所示。

图 7-2

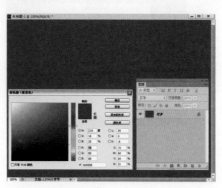

图 7-3

Step03 绘制基本形　打开标尺工具，拉出参考线，选择"圆角矩形工具"，在选项栏中设置"半径"为 5 像素，设置填充颜色为 R:241 G:242 B:244，在图像上绘制基本形，如图 7-4 所示。在选项栏中选择"减去顶层形状"选项，设置半径为 100 像素，再次选择"圆角矩形工具"，将其从基本形中减去，得到形状，如图 7-5 所示。打开"图层样式"对话框，勾选"内阴影"复选框，设置参数，添加效果，如图 7-6 所示。

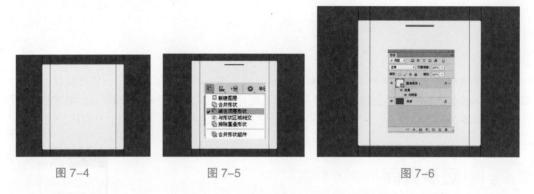

图 7-4　　　　　　　　　　图 7-5　　　　　　　　　　　　图 7-6

Step04 绘制输入框　选择"矩形工具"，在基本形上绘制矩形框，如图 7-7 所示。在"图层样式"对话框中勾选"描边"复选框，设置"大小"为 1 像素、"位置"为"内部"、"填充类型"为"渐变"，设置渐变条从左到右依次是 R:195 G:197 B:199、R:173 G:174 B:176，效果如图 7-8 所示。勾选"内阴影"复选框，设置"不透明度"为 45%、"角度"为 90°，取消勾选"使用全局光"复选框，设置"距离"为 1 像素，效果如图 7-9 所示。勾选"投影"复选框，设置"混合模式"为正常、"颜色"为白色、"角度"为 90°，效果如图 7-10 所示。

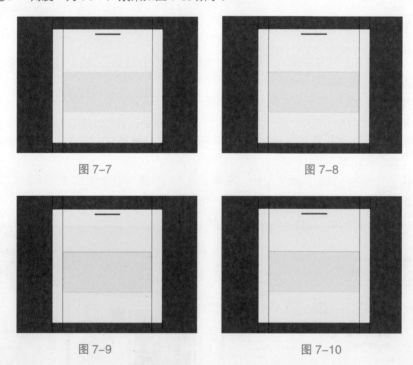

图 7-7　　　　　　　　　　　　　　　　　图 7-8

图 7-9　　　　　　　　　　　　　　　　　图 7-10

Step05 绘制分割线　选择"矩形工具"，在输入框中央位置绘制矩形线段。打开"图层样式"对话框，勾选"投影"复选框，设置"混合模式"为正常、"颜色"为白色、"角度"为 90°、取消勾选"使用全局光"复选框，设置"不透明度"为 100％、"距离"为 1 像素、"扩展"为 100％，单击"确定"按钮，为分割线添加投影效果，如图 7-11 所示。

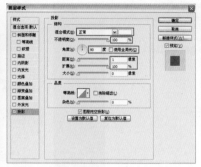

图 7-11

Step 06 输入文字　选择"横排文字工具"，在登录界面上单击并输入文字。打开"字符"面板，将上排文字选中，设置文字属性；将下排文字选中，设置文字属性，如图 7-12 所示。

图 7-12

> **Tips**
>
> 在使用"横排文字工具"输入文字时，按 Enter 键，可对文字进行换行；要改变文字的属性，需将文字选中。

Step 07 绘制信封图标　选择"矩形工具"，设置前景色为 R:177 G:179 B:183，在输入框内绘制矩形，如图 7-13 所示。选择"多边形工具"，在选项栏中设置边数为 3，绘制三角形，改变大小和旋转角度，得到信封上面，如图 7-14 所示。再次使用"多边形工具"绘制信封的左右两边形状，如图 7-15 所示。最后将绘制得到的图层选中，右击，在弹出的快捷菜单中选择"合并形状"命令，得到信封图标，如图 7-16 所示。

| 图 7-13 | 图 7-14 | 图 7-15 | 图 7-16 |

Step08 输入文字　选择"横排文字工具"，在输入框内输入文字，将其选中，在"字符"面板中设置文字的属性，如图 7-17 所示。

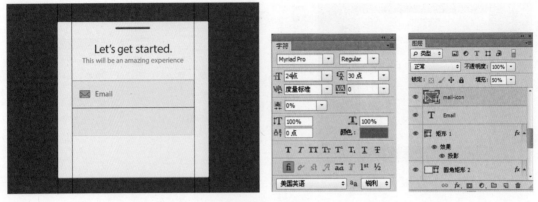

图 7-17

Step09 绘制密码锁图标　选择"圆角矩形工具"，在选项栏中设置半径为 100 像素，在图像上绘制圆角矩形，选择"减去顶层形状"选项，减去部分形状，如图 7-18 所示。再次选择"圆角矩形工具"，在选项栏中设置半径为 3 像素，再次绘制圆角矩形，如图 7-19 所示。选择"合并形状"选项，绘制锁箱。最后选择"椭圆工具""圆角矩形工具"绘制锁箱上图样，得到密码锁图标，如图 7-20 和图 7-21 所示。

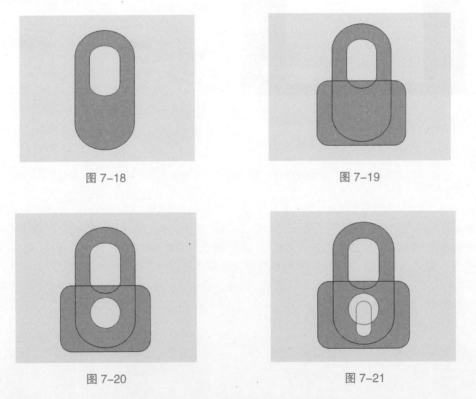

图 7-18

图 7-19

图 7-20

图 7-21

Step10 输入文字　选择"横排文字工具"，在输入框内输入文字，将其选中，在"字符"面板中设置文字的属性，该文字的属性与 Email 文字属性相同，如图 7-22 所示。

图 7-22

Step11 绘制登录按钮　选择"矩形工具"，设置前景色为 R:96 G:200 B:187，在图像上绘制按钮外形，如图 7-23 所示。打开"图层样式"对话框，添加立体效果（勾选"渐变叠加"复选框，设置"混合模式"为"叠加"、"不透明度"为 37%、"缩放"为 150%；勾选"图案叠加"复选框，设置"混合模式"为"滤色"、"不透明度"为 100%、"图案"为"黑色编织纸"；勾选"投影"复选框，设置"不透明度"为 30%、"角度"为 90°；勾选"描边"复选框，设置"大小"为 1 像素、"位置"为"内部"、"颜色"为 R:42 G:139 B:123）。最终效果如图 7-24 所示。

图 7-23　　　　　　　　　　　　　　　　图 7-24

Step12 输入登录字样　选择"横排文字工具"，在登录按钮上输入文字，如图 7-25 所示。打开"图层样式"对话框，勾选"投影"复选框，设置"不透明度"为 55%、"角度"为 90°、"距离"为 1 像素、"大小"为 3 像素，为文字添加投影效果，效果如图 7-26 所示。

图 7-25　　　　　　　　　　　　　　　　图 7-26

本例图标分解示意图如图 7-27 所示。

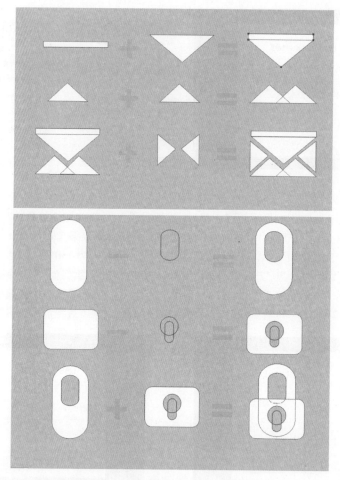

图 7-27

图 7-28

7.2 设置界面开关

案例综述

　　本例我们将制作一组界面开关，元素分别为开关按钮（打开和关闭两种状态）、立体图标、标题栏等。制作时要求使用矢量图形工具，采用图层样式制作立体和阴影效果。本例效果如图 7-28 所示。

设计分析

　　本例虽然制作了好几个元素，但颜色和形状风格都十分一致，充分体现了设计师的整体把控能力。我们在设计时首先要确定界面的配色，再开始制作。

┌─ 操作步骤 ─┐

Step 01 新建文档 执行"文件"→"新建"命令，或按快捷键 Ctrl+N，打开"新建"对话框，设置宽度和高度分别为 480 像素 ×330 像素、分辨率为 72 像素 / 英寸，完成后单击"确定"按钮，新建一个空白文档，如图 7-29 所示。

Step 02 填充背景色 单击前景色图标，在弹出的"拾色器（前景色）"对话框中设置前景色为黑色，按快捷键 Alt+Delete 为背景填充前景色，如图 7-30 所示。

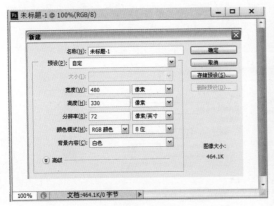

图 7-29

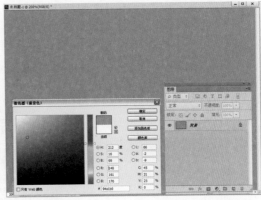

图 7-30

Step 03 绘制基本形 选择"圆角矩形工具"，在选项栏中设置半径为 3 像素，在图像上绘制圆角矩形，如图 7-31 所示。打开"图层样式"对话框，勾选"渐变叠加"复选框，设置渐变条，颜色由左到右依次为 R:228 G:228 B:228、R:253 G:253 B:253，效果如图 7-32 所示。勾选"投影"复选框，设置"不透明度"为 30%、"距离"为 1 像素、"大小"为 2 像素，效果如图 7-33 所示。

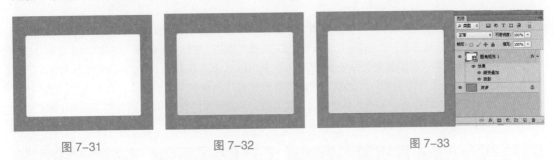

图 7-31　　　　　　　　图 7-32　　　　　　　　图 7-33

Step 04 制作标题栏 选择"圆角矩形工具"，设置前景色为白色，在基本形最上方绘制圆角矩形，如图 7-34 所示。选择"矩形工具"，在选项栏中选择"合并形状"选项，再次绘制标题栏，效果如图 7-35 所示。打开"图层样式"对话框，勾选"渐变叠加"复选框，设置渐变条，颜色由左到右依次为 R:176 G:176 B:176、R:214 G:214 B:214，效果如图 7-36 所示。勾选"斜面和浮雕"复选框，设置"大小"为 3 像素、"高光模式"为"叠加"、"不透明度"为 40%，效果如图 7-37 所示。

Tips

这一步使用"圆角矩形工具"和"矩形工具"共同绘制标题栏，目的在于使标题栏的边角与基本形保持一致。先使用"圆角矩形工具"绘制，可以使标题栏的上边贴合；再使用"矩形工具"合并形状，使标题栏的下边贴合。

图 7-34　　　　　　　图 7-35　　　　　　　图 7-36　　　　　　　图 7-37

Step 05 添加标题　选择"横排文字工具"，在标题栏输入文字，打开"图层样式"对话框，勾选"投影"复选框，设置"混合模式"为叠加、"不透明度"为40%、"角度"为120°、"距离"为1像素、"大小"为0像素，单击"确定"按钮，为标题文字添加投影效果，如图7-38所示。

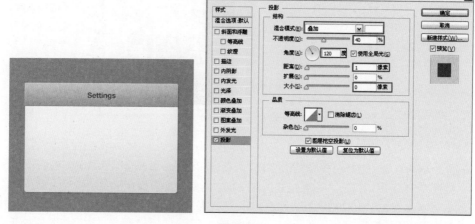

图 7-38

Step 06 制作返回按钮　选择"椭圆工具"，在标题栏左侧绘制正圆，将填充降低为0%，效果如图7-39所示。打开该图层的"图层样式"对话框，勾选"描边"复选框，设置"大小"为1像素、"填充类型"为"渐变"，设置渐变条从左到右依次是R:125 G:125 B:125、R:186 G:186 B:186，效果如图7-40所示。勾选"内阴影"复选框，设置"混合模式"为叠加、"颜色"为白色、"不透明度"为60%，效果如图7-41所示。勾选"渐变叠加"复选框，设置渐变条颜色由左到右依次为R:193 G:193 B:193、R:246 G:246 B:246，效果如图7-42所示。

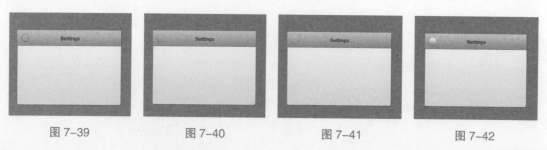

图 7-39　　　　　　　图 7-40　　　　　　　图 7-41　　　　　　　图 7-42

Step 07 绘制返回图标　选择"钢笔工具"，在刚才绘制的正圆按钮上绘制返回图标，将填充降低为0%，效果如图7-43所示。打开该图层的"图层样式"对话框，勾选"渐变叠加"复选框，设置渐变条颜色由左到右依次为R:138 G:138 B:138、R:91 G:91 B:91，效果如图7-44所示。勾选"内阴影"复选框，设置"不透明度"为60%、"距离"为1像素、"大小"为1像素，效果如

图 7-45 所示。

图 7-43

图 7-44

图 7-45

Step 08 制作关闭按钮 将左侧正圆按钮进行复制，移动到标题栏的右侧，使用"矩形工具"绘制关闭图标，将返回图标的图层样式效果进行复制，粘贴到关闭图标上，得到相同的效果，如图 7-46 所示。

图 7-46

Tips

使用"矩形工具"绘制矩形条后，将矩形条旋转角度，将其复制并执行"水平翻转"命令，将图层进行合并，即可得到关闭图标。

Step 09 绘制标签栏 选择"矩形工具"，在标题栏下方绘制矩形框，如图 7-47 所示。打开"图层样式"对话框，勾选"渐变叠加"复选框，设置参数，为标签栏添加渐变效果，效果如图 7-48 所示。完成后，再次选择"矩形工具"，在标签栏下方绘制矩形框，将其作为分割线，如图 7-49 所示。

图 7-47

图 7-48

图 7-49

Step 10 添加文字 选择"横排文字工具"，在标签栏上输入文字。打开"图层样式"对话框，勾选"投影"复选框，设置"混合模式"为正常、"颜色"为白色、"不透明度"为 85%、"角度"为 120°、"距离"为 1 像素、"大小"为 0 像素，单击"确定"按钮，为文字添加投影效果，如图 7-50 所示。

Step 11 绘制无线网图标 使用"椭圆工具"的加减运算法则绘制无线网图标，如图 7-51 所示。打开"图层样式"对话框，勾选"描边"复选框，设置"大小"为 1 像素、"位置"为"内部"、"填充类型"为"渐变"，设置渐变条颜色由左到右依次为 R:178 G:178 B:178、R:108 G:108 B:108，效果如图 7-52 所示。勾选"渐变叠加"复选框，设置渐变条颜色由左到右依次为 R:219 G:219 B:219、R:178 G:178 B:178，效果如图 7-53 所示。

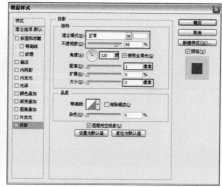

图 7-50

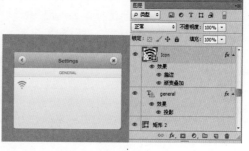

图 7-51　　　　　图 7-52　　　　　图 7-53

Tips

　　在绘制无线网图标之前，需要使用标尺工具确定中心点的位置，然后从中心点出发按住Alt+Shift键绘制由中心向外扩展的正圆。通过"椭圆工具"选项栏中的合并形状、减去顶层形状选项可绘制出无线网图标。

Step12 添加文字　选择"横排文字工具"，在无线网图标的后面单击输入文字，文字输入完成后，为其添加"投影"效果，设置"混合模式"为正常、"颜色"为白色、"不透明度"为100%、"角度"为120°、"距离"为1像素、"大小"为0像素，单击"确定"按钮，添加效果，如图7-54所示。

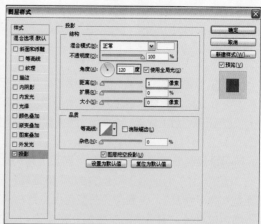

图 7-54

输入文字时，文字如果是两行，可以按Enter键进行换行，也可以再次选择"横排文字工具"在下一行单击输入文字，可分为两个图层，对于间距的调整会比较方便。

Step13 绘制开关按钮　选择"圆角矩形工具"，在选项栏中设置半径为 100 像素，在界面上绘制开关外形，如图 7-55 所示。打开"图层样式"对话框，设置"渐变叠加"效果如图 7-56 所示，设置"内阴影"效果如图 7-57 所示，设置"描边"效果如图 7-58 所示，为开关添加立体效果。

图 7-55

图 7-56

图 7-57

图 7-58

Step14 绘制按钮滑块　再次使用"圆角矩形工具"绘制滑块，如图 7-59 所示。打开"图层样式"对话框，设置"渐变叠加"效果如图 7-60 所示，设置"描边"效果如图 7-61 所示，为滑块添加立体质感。

图 7-59

图 7-60

图 7-61

Step15 绘制地理位置图标　复制"矩形 2 图层"移动位置，得到分割线。选择"钢笔工具"绘制地理位置图标外形，然后选择"椭圆工具"，选择"减去顶层形状"选项，在基本形上减去一个小正圆，可得到图标，粘贴无线网图标图层样式效果，如图 7-62 所示。选择"横排文字工具"输入文字，粘贴文字效果，如图 7-63 所示。

图 7-62   图 7-63

Step 16 绘制开关按钮　选择"圆角矩形工具"绘制开关按钮，如图 7-64 所示。打开"图层样式"对话框，设置"渐变叠加"效果如图 7-65 所示，设置"描边"效果如图 7-66 所示。将刚才绘制的滑块图层进行复制，移动到该开关按钮的右侧，如图 7-67 所示。

图 7-64   图 7-65

图 7-66   图 7-67

Tips

　　在制作开关按钮的时候，无线网的开关按钮呈现为灰色，表明是关闭状态，而地理位置的开关按钮为蓝色，表明是打开状态，滑块在左侧为关闭，在右侧为打开。

Step 17 绘制系统平台　将分割线图层进行复制，移动位置，将选项进行分割，如图 7-68 所示。选择"钢笔工具"绘制系统平台图标，为其粘贴图标的图层样式效果，如图 7-69 所示。选择"横排文字工具"输入文字，粘贴文字效果，如图 7-70 所示。

Step 18 绘制翻页箭头　使用"钢笔工具"绘制箭头图标，如图 7-71 所示。打开"图层样式"对话框，设置"渐变叠加"效果如图 7-72 所示，设置"内阴影"效果如图 7-73 所示，设置"投影"效果如图 7-74 所示。

图 7-68

图 7-69

图 7-70

图 7-71

图 7-72

图 7-73

图 7-74

Tips

　　在绘制翻页箭头时，还可以将前面绘制的返回图标箭头进行复制，执行"水平翻转"命令，将其稍微变大一点，移动到界面右下角位置，重新设置"图层样式"参数即可。

7.3 通知列表界面

案例综述

　　本例我们将制作一个通知列表界面。这是一组拟物化的图标，界面给人的感觉比较平，但仔细观察会发现，它的表面有一些细微的结构变化，而这正是这个练习的目的，即运用图层样式做出细微的表面变化，表现细节。本例效果如图 7-75 所示。

图 7-75

（技术分析）

这组图标主要练习各种图形的绘制方法，掌握基本的图形工具，例如矩形工具、圆角矩形工具、钢笔工具和描边的设置，以及如何让描边对象变为填充对象等。

▫─（操作步骤）─▫

Step01 新建文档　执行"文件"→"新建"命令，或按快捷键 Ctrl+N，打开"新建"对话框，设置宽度和高度分别为 400 像素 ×300 像素、分辨率为 72 像素 / 英寸，完成后单击"确定"按钮，新建一个空白文档，如图 7-76 所示。

Step02 填充渐变　选择"渐变工具"，在选项栏中单击可编辑渐变按钮　▬▬▬　，在弹出的"渐变编辑器"对话框中选择"褐色、棕褐色、浅褐色"渐变，单击"确定"按钮，在图像上拉出渐变条，如图 7-77 所示。

图 7-76

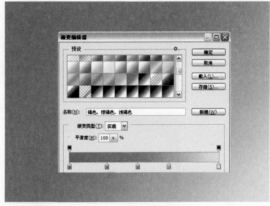

图 7-77

Step03 绘制基本形　选择"圆角矩形工具"，在选项栏中设置半径为 8 像素，在图像上绘制基本形，如图 7-78 所示。打开"图层样式"对话框，勾选"颜色叠加"和"投影"复选框，并设置参数，单击"确定"按钮，为基本形添加效果，如图 7-79 所示。

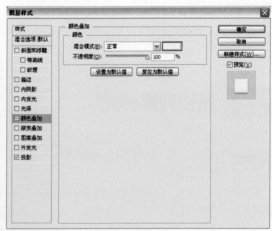

图 7-78

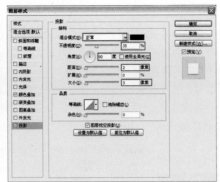

图 7-79

Step 04 制作标题栏　选择"圆角矩形工具"，在基本形上方绘制形状，如图 7-80 所示。然后选择"矩形工具"，在选项栏中选择"合并形状"选项，再次进行绘制，得到标题栏，如图 7-81 所示。

图 7-80

图 7-81

Step 05 添加效果　打开该图层的"图层样式"对话框，勾选"渐变叠加"复选框，设置渐变条，颜色由左到右依次为 R:47 G:47 B:47、R:86 G:86 B:86，效果如图 7-82 所示。勾选"描边"复选框，设置渐变条，颜色由左到右依次为 R:18 G:18 B:18、R:58 G:58 B:58，效果如图 7-83 所示。勾选"内阴影"复选框，设置阴影效果如图 7-84 所示。勾选"图案叠加"复选框，选择"深灰斑纹纸"图案，效果如图 7-85 所示。

图 7-82

图 7-83

图 7-84

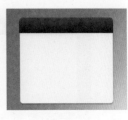

图 7-85

Tips

　　使用"矩形工具"绘制标题栏时，有时候得到的标题栏的大小不一定能与界面完美贴合，没关系，可以后期进行调整，按快捷键Ctrl+T，自由变换命令就可进行调整。

Step06 添加标题　选择"横排文字工具"，在标题栏上输入文字，打开"图层样式"对话框，勾选"渐变叠加"复选框，设置渐变条，颜色由左到右依次为 R:231 G:231 B:231、R:255 G:255 B:255，单击"确定"按钮，如图 7-86 所示。

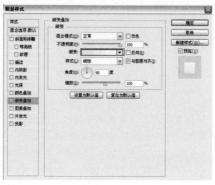

图 7-86

Step07 绘制关闭按钮　使用"椭圆工具"，在标题栏右侧绘制正圆，如图 7-87 所示。打开"图层样式"对话框，勾选"渐变叠加"复选框，设置渐变条，颜色由左到右依次为 R:70 G:70 B:70、R:128 G:128 B:128，效果如图 7-88 所示。勾选"内阴影"复选框，设置阴影效果如图 7-89 所示。勾选"投影"复选框，设置"不透明度"为 52%、"角度"为 90°，效果如图 7-90 所示。

图 7-87　　　　　图 7-88　　　　　图 7-89　　　　　图 7-90

Step08 绘制关闭图标　选择"矩形工具"，绘制矩形条，按快捷键 Ctrl+T，将其旋转，按 Enter 键确认操作，将该矩形进行复制，执行"水平翻转"命令，得到关闭图标，如图 7-91 所示。勾选"图案叠加"复选框，设置颜色为 R:49 G:49 B:49，效果如图 7-92 所示。勾选"投影"复选框，设置投影效果如图 7-93 所示。

图 7-91　　　　　图 7-92　　　　　图 7-93

Step09 制作联系人图标　选择"椭圆工具"绘制椭圆，如图 7-94 所示。在选项栏中选择"合并形状"选项，效果如图 7-95 所示。再次绘制圆形，然后选择"矩形工具"，在选项栏中选择"减去顶层形状"选项，将多余的形状减去，得到联系人图标，如图 7-96 所示。

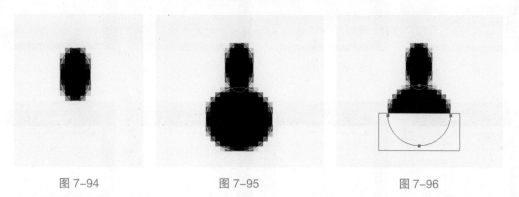

图 7-94　　　　　　　　图 7-95　　　　　　　　图 7-96

Step10 添加效果　将联系人图标所在图层的"图层样式"对话框打开，勾选"颜色叠加"复选框，设置颜色为 R:90 G:90 B:90，效果如图 7-97 所示。勾选"内阴影"复选框，设置"不透明度"为 70%、"角度"为 90°、"距离"为 1 像素、"大小"为 3 像素，如图 7-98 所示。

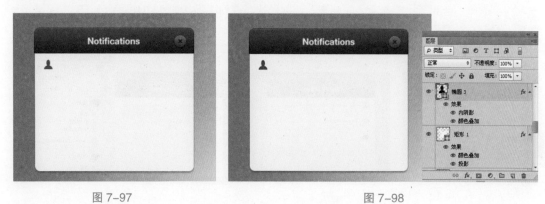

图 7-97　　　　　　　　　　　　　　　　图 7-98

Step11 输入文字　选择"横排文字工具"，在联系人图标的右侧单击并输入文字，如图 7-99 所示。

Tips

在输入文字的时候，需要选用不同的字体，我们可以先将文字输入完成，然后将需要改变字体的文字选中，再在选项栏中改变属性。

Step12 绘制选中底纹　选择"矩形工具"，设置前景色为白色，在图像上绘制矩形框。将该图层的填充降低为 10%，效果如图 7-100 所示。打开"图层样式"对话框，勾选"颜色叠加"复选框，设置颜色为 R:67 G:67 B:67、"不透明度"为 5%，效果如图 7-101 所示。勾选"描边"复选框，设置"大小"为 1 像素、"不透明度"为 9%，效果如图 7-102 所示。

Step13 绘制心形图标　选择"自定义形状"工具，在选项栏中选择"心形"形状，在图像上绘制心形，如图 7-103 所示。打开"图层样式"对话框，勾选"渐变叠加"复选框，设置渐变条，颜色由左到右依次为 R:255 G:85 B:133、R:255 G:119 B:157，如图 7-104 所示。设置"内阴影"效果如图 7-105 所示。然后选择"横排文字工具"输入文字，如图 7-106 所示。

图 7-99   图 7-100   图 7-101   图 7-102

图 7-103   图 7-104   图 7-105   图 7-106

Step14 绘制图标　选择"椭圆工具"绘制椭圆，如图 7-107 所示。然后选择"钢笔工具"，在选项栏中选择"合并形状"选项，在椭圆上绘制形状，得到图标，如图 7-108 所示。为该图层添加联系人图标的"图层样式"效果，如图 7-109 所示。

图 7-107   图 7-108   图 7-109

Step15 绘制分割线　使用"横排文字工具"输入文字，如图 7-110 所示。将刚才绘制的底色矩形框进行复制，移动位置，如图 7-111 所示。将"颜色叠加"图层样式选中并拖曳到"图层"面板下方的删除图层按钮上，可将该样式删除，得到分割线，如图 7-112 所示。

图 7-110   图 7-111   图 7-112

Step16 绘制虎头符图标　选择"横排文字工具"，在图像上单击，按住 Shift+2 键，可得到虎头符图标，如图 7-113 所示。再次选择"横排文字工具"输入文字，如图 7-114 所示。

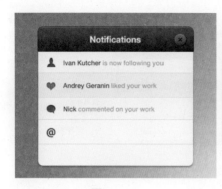

图 7-113　　　　　　　　　　　　　　　　图 7-114

Step17 绘制星形图标　选择"自定义形状"工具，在选项栏中选择"星形"形状，在图像上绘制星形，如图 7-115 所示。为其粘贴图标的图层样式效果，然后选择"横排文字工具"输入文字，如图 7-116 所示。

图 7-115　　　　　　　　　　　　　　　　图 7-116

Step18 绘制拉动条　选择"圆角矩形工具"，在选项栏中设置半径为 100 像素，在界面的右侧绘制拉动条，如图 7-117 所示。打开"图层样式"对话框，勾选"颜色叠加"复选框，设置颜色为 R:232 G:232 B:232，效果如图 7-118 所示。勾选"描边"复选框，设置"大小"为 1 像素、"位置"为"内部"、"颜色"为 R:217 G:217 B:217，效果如图 7-119 所示。

图 7-117　　　　　　　　　图 7-118　　　　　　　　　图 7-119

Step19 绘制拉动进度　再次选择"圆角矩形工具"，在拉动条上继续进行绘制，将填充降低为 0%，效果如图 7-120 所示。打开"图层样式"对话框，勾选"描边"复选框，设置"大小"为 1 像素、"位置"为"内部"、"颜色"为 R:94 G:94 B:94，效果如图 7-121 所示。勾选"颜色叠加"复选框，设置"不透明度"为 50%，效果如图 7-122 所示。

图 7-120

图 7-121

图 7-122

图 7-123

7.4 日历界面

案例综述

本例我们将制作一个苹果系统下的日历界面，背景是一个磨砂玻璃效果的模糊图像，凸显出苹果系统的界面特性（这种风格偏向于扁平化，扁平化设计也是当下十分流行的设计方法）。本例效果如图 7-123 所示。

配色分析

暖紫色是一种神秘的色彩，给人一种舒适休闲的心理感受，粉色和蓝色标出特殊日子，让人感觉特别浪漫。

操作步骤

Step01 绘制基本形　执行"文件"→"打开"命令，或按快捷键 Ctrl+O，在弹出的"打开"对话框中，选择背景素材将其打开，如图 7-124 所示。选择"圆角矩形工具"，在选项栏中设置半径为 5 像素，设置前景色为 R:140 G:221 B:214，在图像上绘制圆角矩形，如图 7-125 所示。

图 7-124

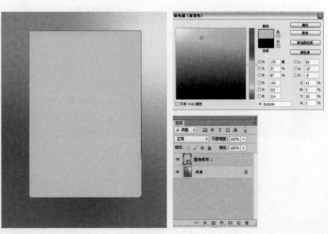

图 7-125

Step 02 添加效果 将该图层的填充降低为 14%，效果如图 7-126 所示。打开"图层样式"对话框，勾选"内发光"复选框，设置"混合模式"为"颜色减淡"、"不透明度"为 10%、"大小"为 48 像素，为基本形添加投影发光特效，如图 7-127 所示。勾选"投影"复选框，设置"混合模式"为"正常"、"颜色"为 R:0 G:31 B:62、"角度"为 90°，如图 7-128 所示。

图 7-126

图 7-127

图 7-128

Step 03 绘制标题栏 选择"钢笔工具"，设置前景色为 R:39 G:200 B:187，得到"形状 1"图层，如图 7-129 所示。将该图层的填充降低为 10%，如图 7-130 所示。

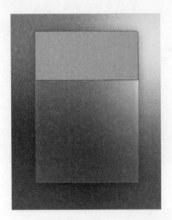
图 7-129

图 7-130

Tips

Step 03 中，也可以采用前几个例子中的方法，首先使用"圆角矩形工具"绘制上部，然后使用"矩形工具"，选择"合并形状"选项，绘制下部，得到形状。

Step 04 绘制选项栏 选择"钢笔工具"，在界面的下方绘制形状，得到"形状 2"图层，如图 7-131 所示。将该图层的填充降低为 10%，使其呈现半透明状态，如图 7-132 所示。

Step 05 绘制形状 选择"钢笔工具"，在界面上面绘制形状，如图 7-133 所示。完成后将该图层的填充降低为 35%，如图 7-134 所示。

Step 06 添加年份文字 选择"横排文字工具"，在标题栏上单击并输入文字，输入完成后将文字选中，打开"字符"面板，设置文字的属性，如图 7-135 所示。将文字所在图层的填充降低为 65%，如图 7-136 所示。

119

图 7-131

图 7-132

图 7-133

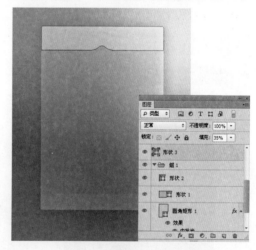

图 7-134

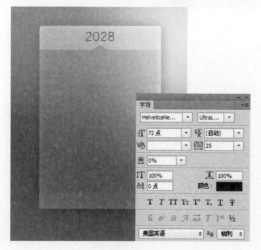

图 7-135

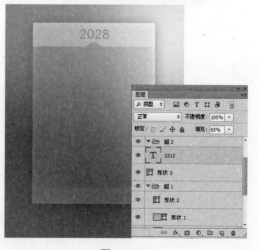

图 7-136

Step 07 绘制形状　　再次选择"钢笔工具"，设置前景色为 R:68 G:121 B:172，在标题栏下方继续绘制形状，如图 7-137 所示。单击"图层"面板下方的添加图层蒙版按钮，为该图层添加蒙版，选择黑色画笔工具，在该形状上拉出渐变，如图 7-138 所示。完成后降低该图层填充为 25％，如图 7-139 所示。

图 7-137

图 7-138

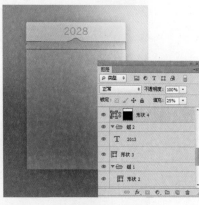
图 7-139

Step 08 绘制分割线　　选择"直线工具"，在图像上绘制白色直线，得到"形状 5"图层，如图 7-140 所示。将该图层的填充降低为 30％，如图 7-141 所示。

图 7-140

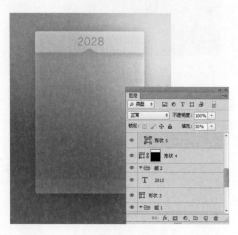
图 7-141

Step 09 绘制翻页按钮　　选择"自定义形状工具"，在选项栏中选择箭头形状，在图像上绘制左右箭头，如图 7-142 所示。选择"横排文字工具"输入月份文字，如图 7-143 所示。

图 7-142

图 7-143

Step 10 输入日历表　选择"横排文字工具"输入文字，按 Enter 键换行，如图 7-144 所示，继续输入文字，保证每一竖行数字为一个图层，如图 7-145 所示。

图 7-144

图 7-145

Step 11 绘制正圆　选择"椭圆工具"，设置前景色为 R:255 G:50 B:50，按住 Shift 键绘制大红色正圆，得到"椭圆 1"图层，如图 7-146 所示。将该图层的"混合模式"设置为变亮，降低填充为 80%，如图 7-147 所示。

图 7-146

图 7-147

Step12 添加发光效果　打开"椭圆 1"图层的"图层样式"对话框，勾选"外发光"复选框，设置"不透明度"为 40%、"颜色"为 R:253 G:14 B:73、"大小"为 75 像素，单击"确定"按钮，为正圆添加发光效果，如图 7-148 所示。

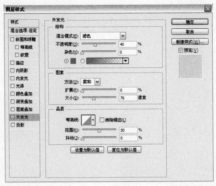

图 7-148

Step13 绘制蓝色圆点　使用同样的方法绘制蓝色正圆，颜色设置为 R:56 G:244 B:198，如图 7-149 所示。将该图层的"混合模式"设置为"叠加"，降低填充为 60%，添加"外发光"图层样式效果，如图 7-150 所示。完成后，将该圆点进行复制，移动位置，如图 7-151 所示。

图 7-149

图 7-150

Step14 绘制灰色圆点　使用"椭圆工具"绘制黑色小圆点，如图 7-152 所示。降低填充为 10%，如图 7-153 所示。打开"图层样式"对话框，勾选"描边"复选框，设置参数，填充白色描边效果，如图 7-154 所示。

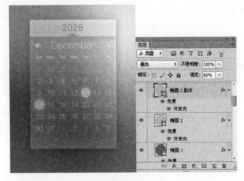

图 7-151

图 7-152

图 7-153

图 7-154

Step 15 复制圆点 将红、蓝、灰色小圆点分别进行复制，改变大小，移动至界面最底端边框中，如图 7-155 所示。选择"横排文字工具"输入文字，完成制作，如图 7-156 所示。

图 7-155

图 7-156

第 8 章

网页版式设计经典案例：色系

第 7 章我们学习了各种网页元素的案例，相信大家对网页界面的细节制作有了一定的认识。本章我们将学习一些不同配色的网页设计。

8.1 黄色系列页面设计

8.1.1 黄色色彩搭配的象征意义

黄色是所有纯色中明度最高的颜色，是三原色之一。在色立体上，最纯的黄色的明度与纯度比较接近。黄色以其色相纯、明度高、色觉暖和、可视性强为特征。黄色与其他色彩对比时，会呈现出不同的情感倾向。如红色背景上的黄色显得燥热、喧闹；橙底上的黄色显得轻浮、幼稚并且缺乏诚意；蓝底背景上的黄色显得明亮温暖，略显强烈生硬。通常黄色易使人联想到温暖的阳光，可以说黄色是所有色彩中正面含义与反面含义两极分化最突出的色彩。图 8-1 所示为黄色在不同底色下的配色效果。

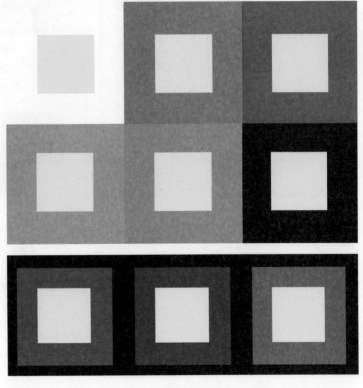

图 8-1

　　黄色的正面含义是象征高贵、辉煌、明朗、欢快、期待、知识、智慧、爱情等，无论东方文化还是西方文化都对黄色表现出了特殊的喜好。古罗马时代，黄色被视为高贵，是宗教仪式中必不可少的颜色。东方的佛教中，僧侣们都穿着黄袍。古代中国更有崇尚黄色的传统，黄色在东、西、南、北、中几个方位中代表中央，是好几个朝代封建帝王服饰中的专用色。

　　黄色的反面含义也很丰富，其往往象征着叛逆、嫉妒、怀疑、羞辱、忧郁等。

　　黄色在黑色的背景中最为明亮，在白色或灰色背景上就显得温柔而隐约。当与橙色或棕色搭配时，它散发着自然与乡村的气息；当与绿色一起使用时，又会显出强烈的生命力。图 8-2 和图 8-3 所示为黄色系列的网页配色参考图。

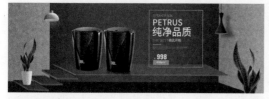

图 8-2

图 8-3

8.1.2　黄色页面设计案例——校服品牌

【案例综述】

　　本例主要制作的是学生校服的宣传页，主色
调为黄色，搭配蓝色和白色使用，给人明快的感
觉；我们选择比较贴合学生的卡通素材和卡通
字体；整体效果很有层次感和立体感，如图 8-4
所示。

图 8-4

◧── 操作步骤 ──◧

　　1. 制作背景

　　Step 01 新建文档　新建空白文档，在“新建”对话框中设置参数，如图 8-5 所示。

　　Step 02 导入背景图片　执行“打开”命令，在弹出的对话框中选择“背景”素材导入，如图 8-6
所示。

图 8-5

图 8-6

　　Step 03 导入装饰素材　执行“打开”命令，在弹出的对话框中选择“树木”和“蓝色云朵”素
材导入，如图 8-7 所示。

　　Step 04 制作蓝色正圆　使用“椭圆工具”，在页面上方按住 Shift 键绘制正圆，设置填充颜色为
蓝色，如图 8-8 所示。

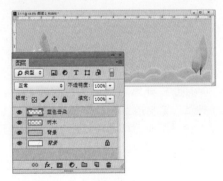

图 8-7

图 8-8

Step05 **添加图层样式** 双击"形状 1"图层，选择"外发光"和"内阴影"选项设置参数，效果如图 8-9 所示。

Step06 **添加深蓝色正圆** 继续使用"椭圆工具"，在页面上方按住 Shift 键绘制正圆，设置填充颜色为深蓝色，如图 8-10 所示。

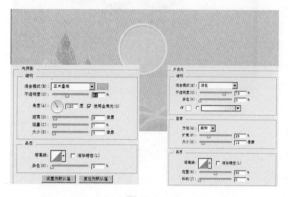

图 8-9

图 8-10

Step07 **添加图层样式** 双击"形状 2"图层，选择"内阴影"和"投影"选项设置参数，效果如图 8-11 所示。

Step08 **复制素材** 选择"形状 1"图层复制，并将复制的素材进行缩放，放置在合适的位置，如图 8-12 所示。

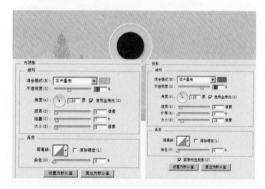

图 8-11

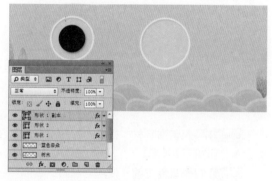

图 8-12

图 8-13

Step09 **打开素材并制作文字底衬** 打开"小树苗"素材放置在页面上方，使用"钢笔工具"和"椭圆工具"在页面上绘制黑色正圆和闭合路径，如图 8-13 所示。

2. 添加文字

Step01 **导入文字素材** 执行"打开"命令，在弹出的对话框中选择"文字"素材导入，放置在黑色正圆上方，如图 8-14 所示。

Step 02 绘制白色云朵　使用"钢笔工具"绘制云朵形状填充白色，并为白色云朵添加"投影"效果，如图 8-15 所示。

图 8-14　　　　　　　　　　　　　　　　　　图 8-15

Step 03 制作路径文字　使用"椭圆工具"，按住 Shift 键绘制正圆路径，单击"文字"工具在正圆路径上输入文字，效果如图 8-16 所示。

Step 04 继续制作路径文字　使用同样的方法制作其他两组文字，效果如图 8-17 所示。

图 8-16　　　　　　　　　　　　　　　　　　图 8-17

Step 05 制作飘带正面　使用"钢笔工具"在页面中绘制闭合路径并填充红色，设置图层名称为"飘带正面"，效果如图 8-18 所示。

Step 06 制作飘带反面　在飘带正面的下方使用"钢笔工具"在页面中绘制两个三角形闭合路径并填充深红色，设置图层名称为"飘带反面"，效果如图 8-19 所示。

图 8-18　　　　　　　　　　　　　　　　　　图 8-19

图 8-20

Step07 制作飘带文字 使用"文字工具"，在飘带上方输入文字，设置文字颜色为白色，在文字适当位置留空格，如图 8-20 所示。

Step08 继续制作文字 继续使用"文字工具"，在飘带上方输入文字，设置文字颜色为白色，双击文字图层为文字添加图层样式，如图 8-21 所示。

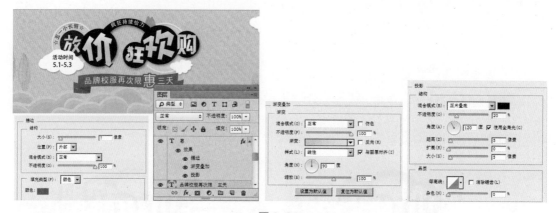

图 8-21

Step09 添加装饰素材 执行"打开"命令，在弹出的对话框中选择"二维码"和"点击关注"素材导入，案例最终效果如图 8-22 所示。

图 8-22

8.2 绿色系列页面设计

8.2.1 绿色色彩搭配的象征意义

绿色在可见光谱中处于中间位置，是一种明视度不高、刺激性不大，比较稳定、中性的温和色彩。绿色使人想起生命，人眼感知绿色最不费力，绿色是色彩感觉中的休息地带，象征和平、青春、理想、安逸、新鲜、安全、宁静。带有黄色的绿色是初春的色彩，更具有生气与活力，象征着青春少年的蓬勃朝气；青绿色是海洋的色彩，是深远、沉着、智慧的象征。当绿色调入黄色成为黄绿色时，

会有新生、无邪、纯真、活力、酸涩的色彩意味。加白后
的绿色因为明度的提高会表露出宁静、清淡、凉爽、轻盈、
顺畅的感觉。而加黑则会表达出沉默、安稳、刻苦、忧愁、
迷信、自私的情感意味。图 8-23 所示为不同颜色与绿色搭
配的不同感觉。

在网页用色上曾几度风靡的松石绿色，不仅有青春、
活泼、艳丽的一面，而且还有端庄、沉静、内向的一面，
是温柔、智慧、美德的象征。

由于绿色有利于人们恢复视觉疲劳，能引起希望、生
命、安全的联想，它还被普遍用于交通安全的灯光及标志色。
在室内装饰上也经常采用绿色。歌德对绿色是这样形容的：
"绿色给人一种真正的满足，人们不想再做进一步的探讨，
也不能再进一步。"由此可以看出绿色是一种中性的，处

图 8-23

于转调范围的，明度居中的、冷暖倾向不明显的平和优雅的色彩，它的情感象征意义多属于积极的。
图 8-24 和图 8-25 所示为绿色系列的网页配色参考图。

图 8-24

图 8-25

图 8-26

8.2.2 绿色页面设计案例——多彩时尚

案例综述

本例中除了背景的制作、素材的添加之外，整体色调的调整可以作为一个重点知识来学习。通过色调的调整使整体画面立体感更强，使宣传页的色调更加细腻精致，如图 8-26 所示。

操作步骤

1. 制作背景

Step01 新建空白文档　执行"文件"→"新建"命令（快捷键 Ctrl+N），在弹出的"新建"对话框中设置参数，如图 8-27 所示。

Step02 渐变背景的添加　执行"文件"→"打开"命令，在弹出的"打开"对话框中选择"渐变 背景 .png"文件，单击将其拖曳到页面之上并调整其位置，如图 8-28 所示。

图 8-27

图 8-28

2. 添加素材

Step01 人影素材的添加　执行"文件"→"打开"
命令，添加"人影 素材 .png"到页面上。再通过添
加图层蒙版并结合"画笔工具"的使用擦除画面中不
需要作用的部分，如图 8-29 所示。

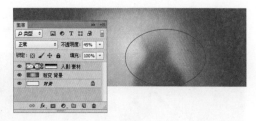

Step02 人物素材的添加　按照上述的方式添加
"人物 素材"后在"图层"面板中单击"添加图层样
式"按钮，在弹出的下拉列表中选择"描边"选项，在弹出的"图层样式"对话框中对其参数进行
设置后单击"确定"按钮，如图 8-30 所示。

图 8-29

图 8-30

Step03 底纹素材的添加　执行"文件"→"打开"命令，添加"底纹 素材 .png"到页面上，如
图 8-31 所示。

Step04 女鞋素材的添加　执行"文件"→"打开"命令，添加"女鞋 素材 .png"到页面上，如
图 8-32 所示。

图 8-31

图 8-32

Step05 文字素材的添加　执行"文件"→"打开"
命令，添加"文字 素材 .png"到页面上，如图 8-33 所示。

3. 调整色调

Step01 曲线的调整　单击"图层"面板下方"创
建新的填充或者调整图层"按钮，在弹出的下拉列表
中选择"曲线"选项，对其参数进行设置，如图 8-34
所示。

图 8-33

Step02 色彩平衡的调整 单击"图层"面板下方"创建新的填充或者调整图层"按钮，在弹出的下拉列表中选择"色彩平衡"选项，对其参数进行设置，如图 8-35 所示。

图 8-34

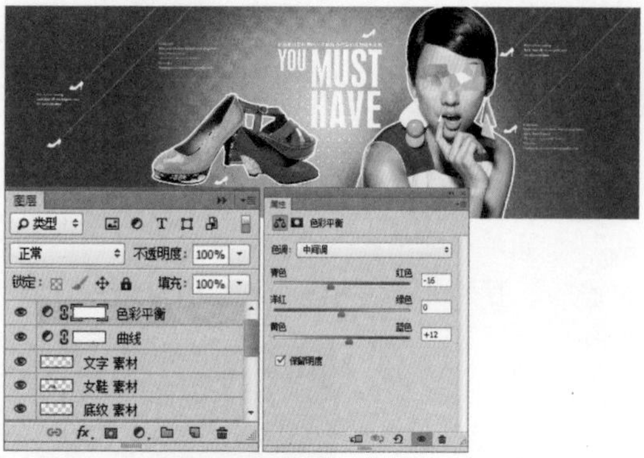

图 8-35

Step03 盖印可见图层 按快捷键 Ctrl+Shift+Alt+E 盖印可见图层，得到"盖印"图层，如图 8-36 所示。

Step04 USM 锐化 执行"滤镜"→"锐化"→"USM 锐化"命令，在弹出的"USM 锐化"对话框中对其参数进行设置，如图 8-37 所示。

图 8-36

图 8-37

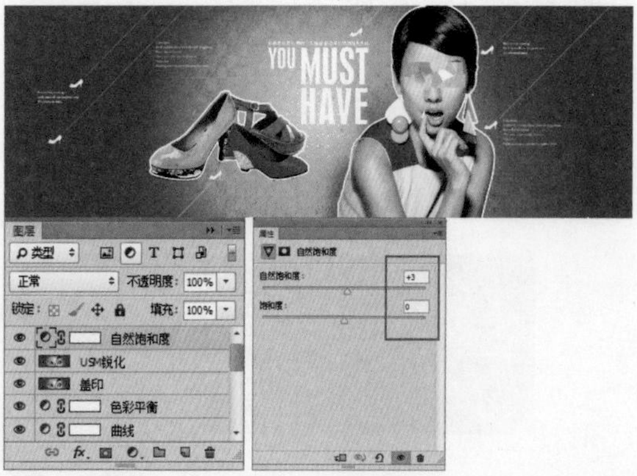

Step05 自然饱和度的调整 单击"图层"面板下方"创建新的填充或者调整图层"按钮，在弹出的下拉列表中选择"自然饱和度"命令，对其参数进行设置，如图 8-38 所示。

图 8-38

8.3 红色系列页面设计

8.3.1 红色色彩搭配的象征意义

红色具有我们生活中较为复杂的情感因素，在可见光的光谱中波长最长，在所有色相中对人的视网膜刺激度最高。红色容易使人联想到火焰、太阳、血、光明、政权等，它象征着庄严、热烈、勇敢等，同时也会使人们联想到血腥、危险、恐怖等。红色处于高饱和状态时，可以刺激人们的兴奋感，导致脉搏加快、血压上升等生理变化。红色处于低明度的状态时，会给人以稳重、消极、悲观的感觉。当红色与其他色彩并置时，会呈现出不同的个性特点。图 8-39 所示为红色在不同底色下的配色效果。

图 8-39

从古至今，红色始终受到人们的重视。在西方，13 世纪前，红色是权力和地位的象征，几乎成了君王、贵族和教堂专用色。在东方，红色也深受喜爱。中华民族尤其崇尚红色，至今在婚嫁喜庆的节日里，仍然保持着穿红衣、配红花、挂红灯笼的习俗。

红色在视觉效果上具有醒目的特点，因此被广泛使用于旗帜、标志、广告宣传等方面，同时也用作交通、警报、安全的信号色。图 8-40 和图 8-41 所示为红色系列的网页配色参考图。

图 8-40

图 8-41

图 8-42

8.3.2 红色页面设计案例——顺滑丝巾

(案例综述)

　　本例选择红色为主色调，通过光线素材、多边形素材等的添加对主体部分起到了很好的映衬作用；通过添加图层样式制作出描边以及阴影等特效，使最终的视觉效果更加的真实与立体，如图 8-42 所示。

　　　(操作步骤)

1. 制作背景

　　[Step01] 新建文档　执行"文件"→"新建"命令（快捷键 Ctrl+N），在弹出的"新建"对话框中设置参数，如图 8-43 所示。

　　[Step02] 背景素材的添加　执行"文件"→"打开"命令，在弹出的"打开"对话框中选择"背景 素材 .png"文件，单击将其拖曳到页面之上并调整其位置，如图 8-44 所示。

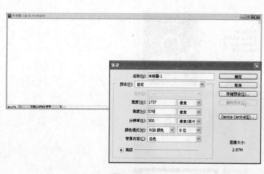

图 8-43　　　　　　　　　　　　　　　　　图 8-44

2. 装饰性素材的添加

　　[Step01] 光线素材的添加　按照上述方式继续进行"光线 素材"的添加并将该图层的"不透明度"改为 70%，如图 8-45 所示。

　　[Step02] 电波素材的添加　按照上述方式继续进行"电波 素材"的添加，如图 8-46 所示。

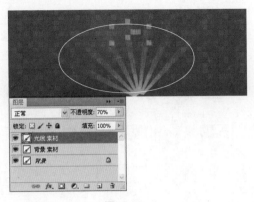

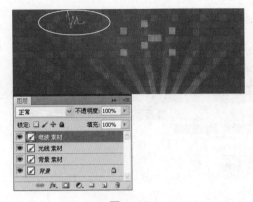

图 8-45　　　　　　　　　　　　　　　　　　　图 8-46

Step03 **多边形色块的制作**　新建图层后用"钢笔工具"勾勒出多边形闭合路径，转换为选区后将前景色设置为红色并按快捷键 Alt+Delete 进行填充，如图 8-47 所示。

Step04 **点缀素材的添加**　执行"文件"→"打开"命令，在弹出的"打开"对话框中选择"点缀 素材 .png"文件，单击将其拖曳到页面之上并调整其位置，如图 8-48 所示。

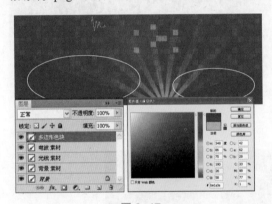

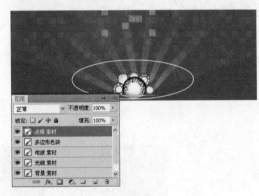

图 8-47　　　　　　　　　　　　　　　　　　　图 8-48

Step05 **三角形素材的添加**　按照上述方式继续进行"三角形 素材"的添加，如图 8-49 所示。

Step06 **三角形素材 2 的添加**　按照上述方式继续进行"三角形 素材 2"的添加，如图 8-50 所示。

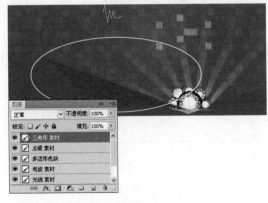

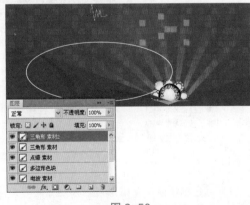

图 8-49　　　　　　　　　　　　　　　　　　　图 8-50

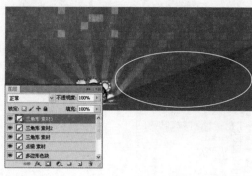

图 8-51

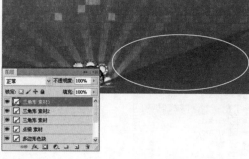

图 8-52

Step 07 三角形素材 3 的添加　按照上述方式继续进行"三角形 素材 3"的添加，如图 8-51 所示。

Step 08 三角形素材 4 的添加　按照上述方式继续进行"三角形 素材 4"的添加，如图 8-52 所示。

Step 09 围巾素材的添加　按照上述方式继续进行"围巾 素材"的添加，如图 8-53 所示。

Step 10 投影、描边效果的添加　在"图层"面板中单击"添加图层样式"按钮，在弹出的下拉列表中分别选择"投影"和"描边"选项，在弹出的"图层样式"对话框中对其参数进行设置，如图 8-54 所示。

图 8-53

图 8-54

Step 11 围巾素材 2 的添加　按照上述方式继续进行"围巾 素材 2"的添加，并将该图层的混合模式更改为"正片叠底"，如图 8-55 所示。

Step12 围巾素材 3 的添加　执行"文件"→"打开"命令，在弹出的"打开"对话框中选择"围巾 素材 3.png"文件，单击将其拖曳到页面之上并调整其位置，如图 8-56 所示。

图 8-55　　　　　　　　　　　　　　　　　　　图 8-56

3. 文字效果的制作

Step01 制作"魅力展现即刻拥有"文字　单击工具箱中的"文字工具"按钮，在页面中绘制文本框并输入对应文字内容。执行"窗口"→"字符"命令，在弹出的"字符"面板中对其参数进行设置，如图 8-57 所示。

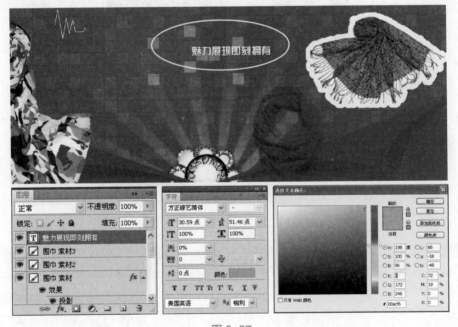

图 8-57

Step02 文字特效的制作　在"图层"面板中单击"添加图层样式"按钮，在弹出的下拉列表中分别选择"投影""渐变叠加"和"描边"选项，在弹出的"图层样式"对话框中分别对其参数进行设置，如图 8-58 所示。

Step03 制作"网购狂欢节"文字　单击工具箱中的"文字工具"按钮，在页面中绘制文本框并输入对应文字内容。执行"窗口"→"字符"命令，在弹出的"字符"面板中对其参数进行设置，如图 8-59 所示。

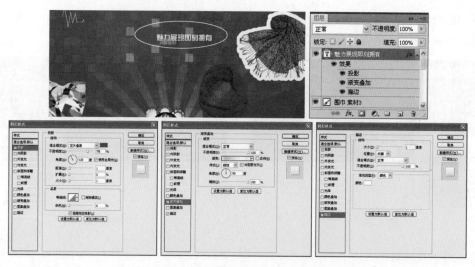

图 8-58

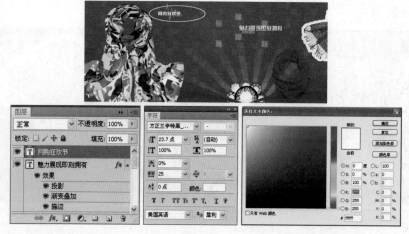

图 8-59

Step04 描边效果的制作　在"图层"面板中单击"添加图层样式"按钮，在弹出的下拉列表中选择"描边"选项，在弹出的"图层样式"对话框中对其参数进行设置，如图 8-60 所示。

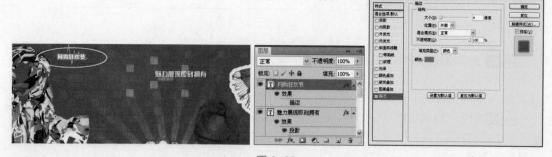

图 8-60

Step05 制作"12 月 12 日"文字　单击工具箱中的"文字工具"按钮，在页面中绘制文本框并输入对应文字内容。执行"窗口"→"字符"命令，在弹出的"字符"面板中对其参数进行设置，如图 8-61 所示。

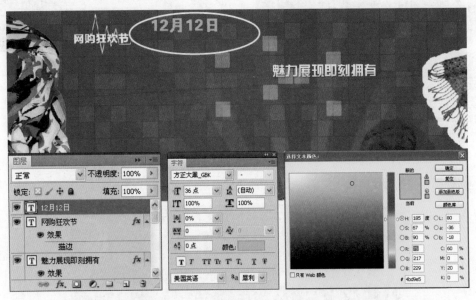

图 8-61

Step06 制作"I want you!"文字　按照上述方式继续进行文字效果的制作，如图 8-62 所示。

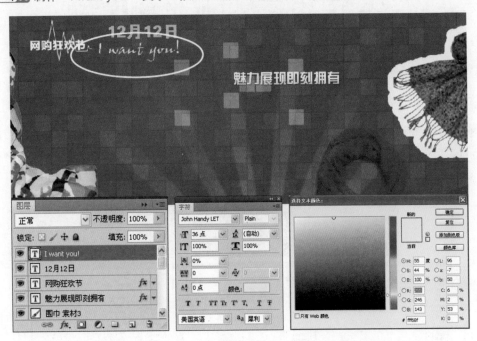

图 8-62

Step07 制作"5 折疯狂抢购"文字　按照上述方式继续进行文字效果的制作，如图 8-63 所示。

Step08 制作"Ctrl+D 收藏此页面"文字　按照上述方式继续进行文字效果的制作，如图 8-64 所示。

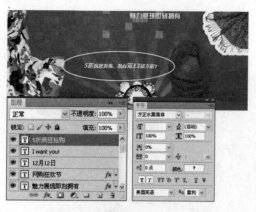

图 8-63   图 8-64

Step 09 制作"我为丝巾狂"文字   按照上述方式继续进行文字效果的制作，如图 8-65 所示。

图 8-65

Step 10 文字特效的添加   在"图层"面板中单击"添加图层样式"按钮，在弹出的下拉列表中分别选择"投影"等选项，在弹出的"图层样式"对话框中对其参数进行设置，如图 8-66 所示。

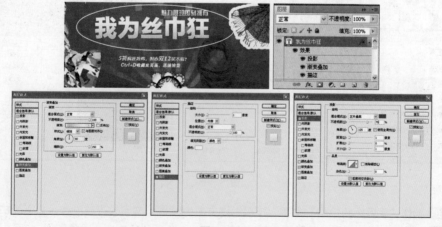

图 8-66

Step11 制作"所心所欲 购购购"文字　按照上述方式继续进行文字效果的制作，并对该文字进行投影、渐变叠加以及描边等效果的制作，如图 8-67 所示。

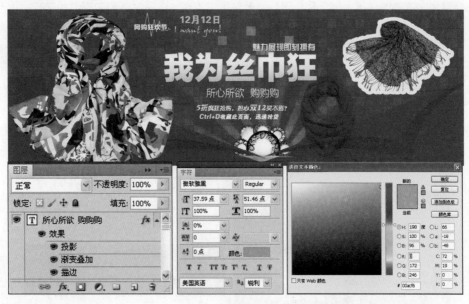

图 8-67

8.4 蓝色系列页面设计

8.4.1 蓝色色彩搭配的象征意义

纯净的蓝色是不包含黄色或红色成分的色彩，在可见光谱上处于收缩、内向的冷色区域，由于波长短，其视觉认知性和注目感相对弱一些，是一种极容易使人产生遐想的色彩。蓝色象征广阔、遥远、高深、博爱等。蓝色具有高贵、纯正的品质，也有憧憬、幻想的意味，既亲切又遥远。一般情况下，饱和度最高的蓝色有理智、深邃、博大、永恒、真理、信仰、尊严、保守、冷淡等心理情感意味。

在我国，蓝色很早就被人们广泛应用，文人雅士着青色的服饰以示清高，宋代的青釉瓷，明清的青花瓷，更以高贵的蓝色闻名中外，其中蕴含了华夏深邃的文化历史底蕴和朴素的民间情愫。在西方，蓝色被认为是显示身份的象征，同时还意味着信仰，如 12 世纪末、13 世纪初的"蓝色革命"。蓝色也会使人产生悲伤、忧愁的感觉。蓝色也常被应用于网页设计中，如政务网站通常大量应用蓝色，给人大气、稳重的色彩感觉。图 8-68 所示为蓝色在不同底色下的配色效果。

蓝色与其他色彩搭配，会显出不同的个性力量，

图 8-68

如红橙色底上的蓝色，感觉较暗淡，但色彩效果仍然很鲜亮；黄色衬托下的蓝色显得沉着、稳重、自信；绿色底上的蓝色则显得暧昧、无力；黑色底上的蓝色能完全焕发出它独有的亮丽色彩。蓝色调入白色会使它原有的品质发生变化，浅蓝色有轻盈、清淡、透明、飘渺、雅致的意味；调入黑色会产生悲哀、沉重、朴素、幽暗、孤独的感觉；调入灰色则会变得暧昧、模糊，易给人一种晦涩、沮丧的色彩感情意味。图 8-69 和图 8-70 所示为蓝色系列的网页配色参考图。

图 8-69

图 8–70

8.4.2 蓝色页面设计案例——家电主页

案例综述

本例是一则以家电为主题的宣传广告，整体页面以蓝色为主色调，更好地衬托出夏日应有的凉爽的氛围。通过素材的添加以及文字的制作，使画面看起来十分清爽、明快。在这里需要注意的是，文字设计方面用了少许的黄色，使宣传的重点更加突出、醒目，如图 8-71 所示。

图 8–71

操作步骤

1. 制作背景

Step01 空白文档的建立以及纯色背景的制作 建立空白文档后，新建图层并将前景色设置为蓝色，按快捷键 Alt+Delete 进行填充，得到蓝色背景，如图 8-72 所示。

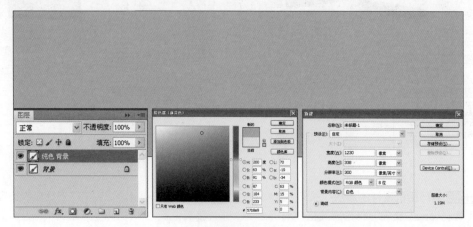

图 8–72

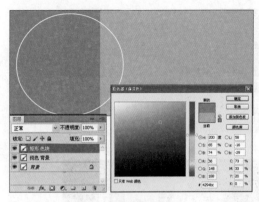

图 8-73

Step02 矩形色块的制作　新建图层后用"矩形选框工具"在页面上绘制出矩形选区，将前景色设置为蓝色后按快捷键 Alt+Delete 进行填充，如图 8-73 所示。

2. 装饰性素材的添加

Step01 三角形素材的添加　执行"文件"→"打开"命令，在弹出的"打开"对话框中选择"三角形 素材 .png"文件，单击将其拖曳到页面之上并调整其位置，如图 8-74 所示。

Step02 四边形素材的添加　执行"文件"→"打开"命令，在弹出的"打开"对话框中选择"四边形 素材 1.png"文件，单击将其拖曳到页面之上并调整其位置，如图 8-75 所示。

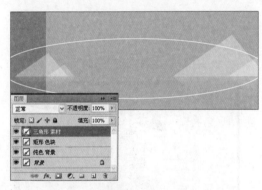

图 8-74

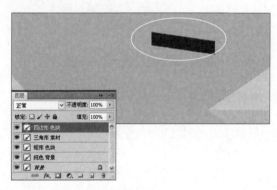

图 8-75

Step03 四边形素材的复制以及调整　按照上述方式进行"四边形 素材"的添加，并且通过转变调整其在页面中的位置，如图 8-76 所示。

Step04 显示屏素材的添加　按照上述方式进行"显示屏 素材"的添加，如图 8-77 所示。

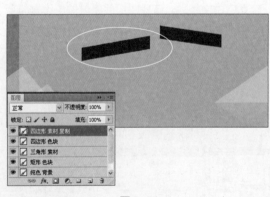

图 8-76

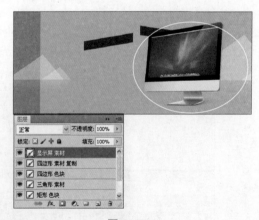

图 8-77

Step05 数码相机素材的添加　执行"文件"→"打开"命令，在弹出的"打开"对话框中选择"数码相机 素材 .png"文件，单击将其拖曳到页面之上并调整其位置，如图 8-78 所示。

Step06 冰箱素材的添加　按照上述方式进行"冰箱 素材"的添加，如图 8-79 所示。

图 8-78

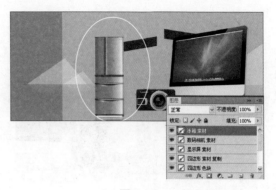

图 8-79

Step 07 黄色色块的制作　新建图层，用"钢笔工具"绘制出四边形闭合路径，转换为选区后将前景色设置为黄色，按快捷键 Alt+Delete 进行填充。最后取消选区即可，如图 8-80 所示。

Step 08 复制黄色色块　复制刚才制作好的黄色色块，并通过位置变换调整其在页面中的位置，如图 8-81 所示。

图 8-80

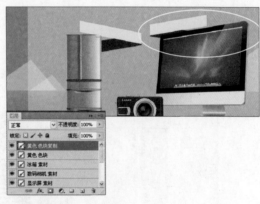

图 8-81

Step 09 人像素材的添加　执行"文件"→"打开"命令，在弹出的"打开"对话框中选择"人像 素材 .png"文件，单击将其拖曳到页面之上并调整其位置，如图 8-82 所示。

Step 10 鸟儿素材的添加　执行"文件"→"打开"命令，在弹出的"打开"对话框中选择"鸟儿 素材 .png"文件，单击将其拖曳到页面之上并调整其位置，如图 8-83 所示。

图 8-82

图 8-83

Step11 摩托素材的添加　执行"文件"→"打开"命令，在弹出的"打开"对话框中选择"摩托 素材 .png"文件，单击将其拖曳到页面之上并调整其位置，如图 8-84 所示。

Step12 人物素材的添加　按照上述方式添加"人物 素材"到页面上，如图 8-85 所示。

图 8-84

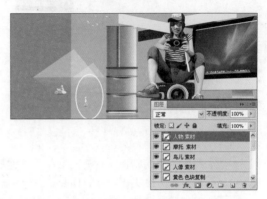

图 8-85

3. 文字效果的制作

Step01 制作"我用零钱买 3C!"文字　单击工具箱中的"文字工具"按钮，在页面中绘制文本框并输入对应文字。执行"窗口"→"字符"命令，在弹出的"字符"面板中对其参数进行设置，如图 8-86 所示。

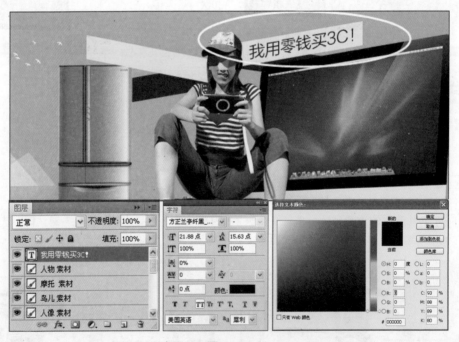

图 8-86

Step02 制作"数码家电"文字　按照上述方式进行文字效果的制作，如图 8-87 所示。

Step03 制作"限时暴力价"文字　按照上述方式进行文字效果的制作，如图 8-88 所示。

Step04 制作"你用零钱买白菜"文字　按照上述方式进行文字效果的制作，如图 8-89 所示。

图 8-87

图 8-88

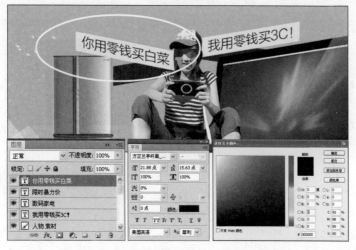

图 8-89

Step 05 制作"百万红包任你抽!"文字 按照上述方式进行文字效果的制作，如图 8-90 所示。

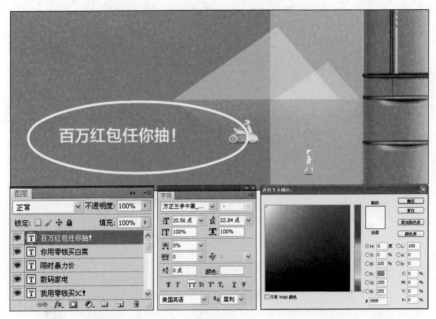

图 8-90

Step 06 制作"千万让利免费送!"文字 按照上述方式进行文字效果的制作，如图 8-91 所示。

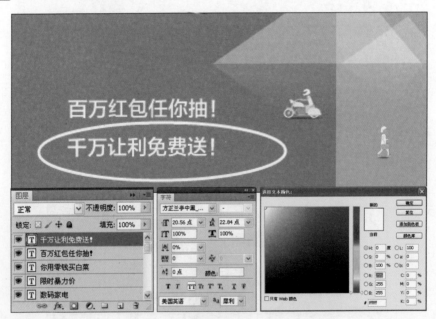

图 8-91

Step 07 制作"1"文字 按照上述方式进行文字效果的制作，如图 8-92 所示。

Step 08 制作"折"文字 按照上述方式进行文字效果的制作，如图 8-93 所示。

Step 09 投影效果的添加 在"图层"面板中单击"添加图层样式"按钮，在弹出的下拉列表中选择"投影"选项，在弹出的"图层样式"对话框中对其参数进行设置，如图 8-94 所示。

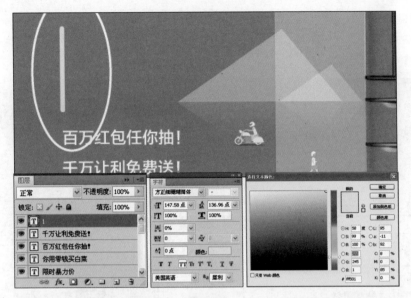

图 8-92

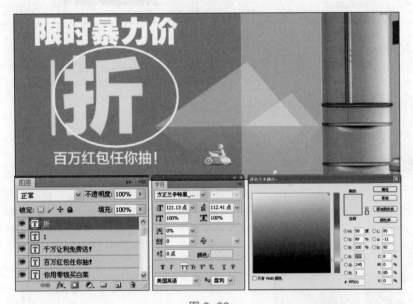

图 8-93

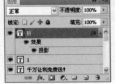
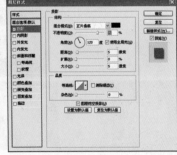

图 8-94

Step 10 制作"起"文字 单击工具箱中的"文字工具"按钮,在页面中绘制文本框并输入对应文字。执行"窗口"→"字符"命令,在弹出的"字符"面板中对其参数进行设置,如图 8-95 所示。

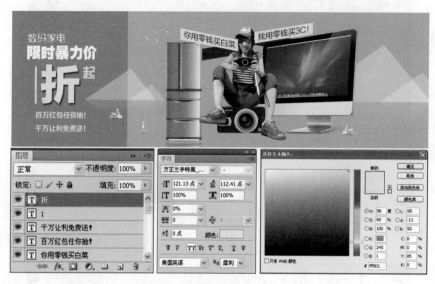

图 8-95

8.5 紫色系列页面设计

8.5.1 紫色色彩搭配的象征意义

紫色在可见光谱上波长最短,处于最暗的位置,是一个极易受明度影响而使情感意味截然相反的色彩。对紫色的运用很重要的一点是控制明度的变化,不同的明度可以形成不同情绪与象征意味。如紫色一经淡化,明度明显提高,会呈现出优雅、可爱的女性化意味,在紫色中调入红色后,则可以形成大胆、娇艳、开放的心理感觉;调入蓝色形成蓝紫色,则会传达出孤寂、严厉、珍贵等精神意味。紫色是大自然中比较稀少的颜色,令人感到神秘、幽雅,同时又让人敬畏、忧郁。图 8-96 所示为紫色在不同底色下的配色效果。

紫色在中国历史上曾得到过较多的运用,据汉代的《汉官仪》中描述,当时官服的等级在颜色上规定为:天子佩黄绶带,诸侯佩赤绶带。唐代以后,紫色更成为五品以上官宦的着装色,而且还有紫气东来、紫云、紫官、紫黄等瑞福吉祥和等级象征的含义。我们所知道的紫禁城是一种权力的象征,而非涂满紫色的城池。在古埃及、巴比伦等若干历史时期,直到 19 世纪的英国维多利亚时期,紫色多次被作为贵族的专用色。而在有些地方,如巴西,紫色被视为消极的、不吉祥的色彩,表示悲伤。图 8-97 和图 8-98 所示为紫色系列的网页配色参考图。

图 8-96

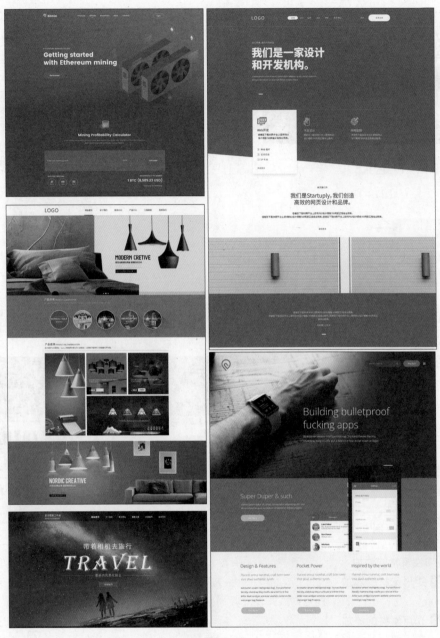

图 8-97

图 8-98

图 8-99

8.5.2　紫色页面设计案例——电茶壶广告页面

(**案例综述**)

　　本例是一则关于电茶壶的宣传广告，在制作过程中以紫色渐变为背景，制作出有立体感与层次感的背景效果，再添加电茶壶素材到页面上，使画面的主体部分更加的突出。另外，在素材的处理上适当地实现了图层样式的变换，使素材的展示更加多样，如图 8-99 所示。

──◀ **操作步骤** ▶──

1. 制作背景

Step 01 新建文档　执行"文件"→"新建"命令（快捷键 Ctrl+N），在弹出的"新建"对话框中设置参数，如图 8-100 所示。

Step 02 纯色背景的制作　新建图层后将前景色设置为紫色，按快捷键 Alt+Delete 进行填充，如图 8-101 所示。

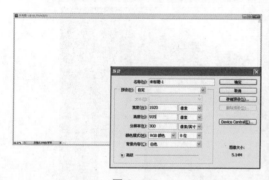

图 8-100

图 8-101

2. 装饰性素材的添加

Step 01 矩形素材的添加　执行"文件"→"打开"命令，在弹出的"打开"对话框中选择"矩形 素材 .png"文件，单击将其拖曳到页面之上并调整其位置，如图 8-102 所示。

Step 02 光点素材的添加　执行"文件"→"打开"命令，在弹出的"打开"对话框中选择"光点 素材 .png"文件，单击将其拖曳到页面之上并调整其位置，如图 8-103 所示。

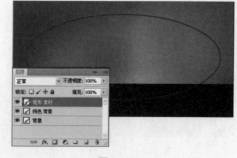

图 8-102

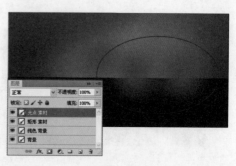

图 8-103

Step03 光效素材的添加　执行"文件"→"打开"命令，在弹出的"打开"对话框中选择"光效 素材 .png"文件，单击将其拖曳到页面之上并调整其位置，如图 8-104 所示。

Step04 水珠素材的添加　执行"文件"→"打开"命令，在弹出的"打开"对话框中选择"水珠 素材 .png"文件，单击将其拖曳到页面之上并调整其位置，如图 8-105 所示。

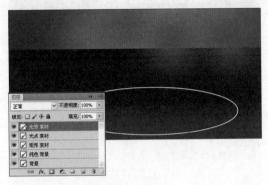

图 8-104

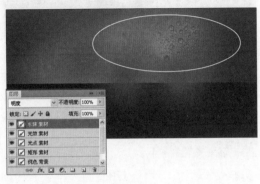

图 8-105

Step05 底盘素材的添加　按照上述方式继续进行"底盘 素材"的添加，如图 8-106 所示。

Step06 底盘素材 2 的添加　按照上述方式继续进行"底盘 素材 2"的添加，如图 8-107 所示。

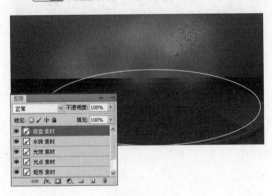

图 8-106

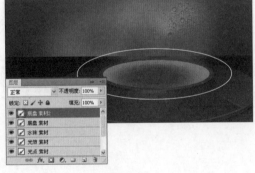

图 8-107

Step07 电炖锅素材的添加　按照上述方式继续进行"电炖锅 素材"的添加，如图 8-108 所示。

Step08 仪表盘素材的添加　按照上述方式继续进行"仪表盘 素材"的添加，如图 8-109 所示。

图 8-108

图 8-109

Step 09 高光素材的添加　按照上述方式继续进行"高光 素材"的添加，如图 8-110 所示。

Step 10 文字素材的添加　按照上述方式继续进行"文字 素材"的添加，如图 8-111 所示。

图 8-110

图 8-111

Step 11 多边形素材的添加　按照上述方式继续进行"多边形 素材"的添加，如图 8-112 所示。

Step 12 火焰素材的添加　按照上述方式继续进行"火焰 素材"的添加，如图 8-113 所示。

图 8-112

图 8-113

图 8-114

话框中对其参数进行设置，如图 8-116 所示。

Step 13 圆角矩形素材的添加　按照上述方式继续进行"圆角矩形 素材"的添加，如图 8-114 所示。

3. 文字效果的制作

Step 01 制作"立即抢购"文字　单击工具箱中的"文字工具"按钮，在页面中绘制文本框并输入对应文字内容。执行"窗口"→"字符"命令，在弹出的"字符"面板中对其参数进行设置，如图 8-115 所示。

Step 02 投影效果的制作　在"图层"面板中，单击"添加图层样式"按钮，在弹出的下拉列表中选择"投影"选项，在弹出的"图层样式"对

图 8-115

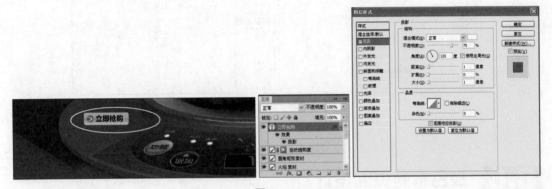

图 8-116

Step03 制作 "节后养生调理首选" 文字　按照上述方式继续进行文字的制作，如图 8-117 所示。

图 8-117

Step 04 文字的制作以及特效的添加　按照上述方式继续进行文字的制作，并对其进行内发光以及渐变叠加特效的添加，如图 8-118 所示。

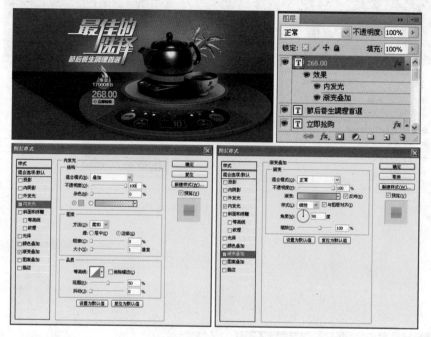

图 8-118

8.6 灰色系列页面设计

8.6.1 灰色色彩搭配技巧

灰色是黑、白色的中间色，也是全色相与补色按比例的混合色。灰色属于最大限度满足人眼对

图 8-119

色彩明度舒适要求的中性色，能使人眼体会到生理上的惬意。浅灰色的性格特点类似白色，深灰色的性格特点类似黑色。图 8-119 所示为灰色在不同底色下的配色效果。

纯净的中灰色温和而雅致，表现出平凡、中庸、和平、模棱两可的性格特征。灰色在色彩搭配时发挥的作用与黑色、白色同样重要，配色时如果部分颜色炫目不协调，可在局部配以灰色，或在鲜艳的颜色中渗入灰色，调成含灰调，可以使配色效果变得含蓄而文静。当它与有彩色相搭配时，各自的色彩魅力都可以被激活。图 8-120 和图 8-121 所示为灰色系列的网页配色参考图。

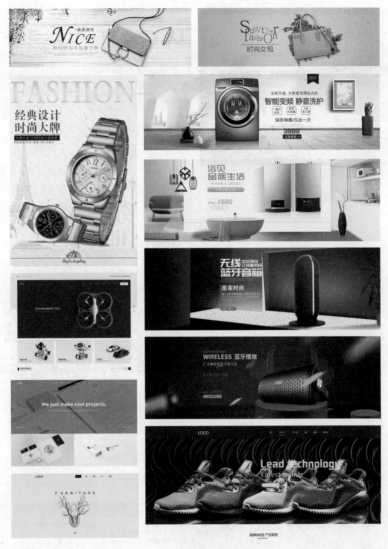

图 8-120

图 8-121

8.6.2　灰色页面设计案例——旅行页面

案例综述

　　该例在制作过程中为了体现出产品本身的金属酷感，特意选择了灰色磨砂质感的背景素材；通

图 8-122

过黑白色调埃菲尔铁塔与驴友素材的添加，更加充分地体现出了产品本身的特性；白色文字的制作则起到了点明主题的作用，如图 8-122 所示。

操作步骤

1. 制作背景

Step01 新建文档　执行"文件"→"新建"命令（快捷键 Ctrl+N），在弹出的"新建"对话框中设置参数，如图 8-123 所示。

Step02 背景素材的添加　执行"文件"→"打开"命令，在弹出的"打开"对话框中选择"背景 素材 .png"文件，单击将其拖曳到页面之上并调整其位置，如图 8-124 所示。

图 8-123

图 8-124

Step03 亮度 / 对比度的调整　单击"图层"面板下方的"创建新的填充或者调整图层"按钮，在弹出的下拉列表中选择"亮度对比度"选项，对其参数进行设置，如图 8-125 所示。

图 8-125

2. 装饰性素材的添加

Step01 铁塔素材的添加　按照上述方式继续进行铁塔素材的添加，通过添加图层蒙版并结合画笔工具的使用擦除画面中不需要作用的部分，如图 8-126 所示。

Step02 人像素材的添加　执行"文件"→"打开"命令，在弹出的"打开"对话框中选择"人像 素材 .png"文件，单击将其拖曳到页面之上并调整其位置，如图 8-127 所示。

图 8-126　　　　　　　　　　　　　　　　　图 8-127

Step 03 对话气泡素材的添加　按照上述方式继续进行对话气泡素材的添加，如图 8-128 所示。

图 8-128

3. 文字效果的制作

Step 01 制作"带着它"文字　单击工具箱中的"文字工具"按钮，在页面中绘制文本框并输入对应文字内容。执行"窗口"→"字符"命令，在弹出的"字符"面板中对其参数进行设置，如图 8-129 所示。

图 8-129

Step 02 投影　在"图层"面板中单击"添加图层样式"按钮，在弹出的下拉列表中选择"投影"选项，在弹出的"图层样式"对话框中对其参数进行设置后，如图 8-130 所示。

图 8-130

Step 03 金属酷感　按照上述方式继续进行文字效果的制作，如图 8-131 所示。

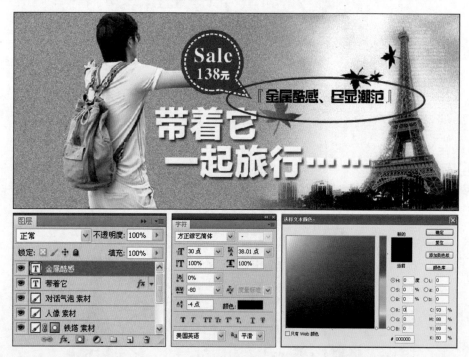

图 8-131

Step 04 投影及外发光效果的制作　在"图层"面板中单击"添加图层样式"按钮，在弹出的下拉列表中分别选择"投影"和"外发光"选项，在弹出的"图层样式"对话框中对其参数进行设置，如图 8-132 所示。

Step 05 曲线的调整　单击"图层"面板下方的"创建新的填充或者调整图层"按钮，在弹出的下拉列表中选择"曲线"选项，对其参数进行设置，如图 8-133 所示。

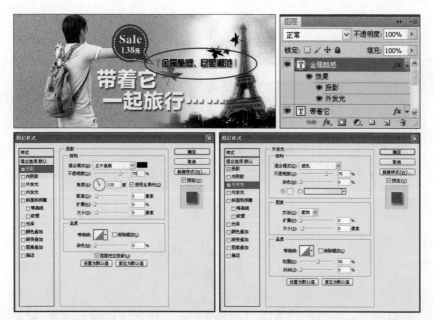

图 8-132

图 8-133

8.7 黑色系列页面设计

8.7.1 黑色色彩搭配技巧

　　黑色让人联想到漆黑的夜晚，是色彩中最深暗的颜色。黑色代表黑暗、寂静、沉默、恐惧、邪恶、灭亡及神秘。世界上大部分国家和民族都以黑色为丧色。黑色同时具有消极和庄重、高贵、洒脱的品质，西方新郎的西服采用黑色象征包容、义务与责任，中国"五行说"中黑色被视为天界的色彩，只有天顶、天的北极才是天帝之座，也只有夜色才是支配万物的天帝之色彩。黑表示北方的冬天，象征着通往极乐世界的道路。黑色容易与其他的色彩相配，相配时可充分发挥鲜艳色彩的性格特征，在色彩组合中则可起到调和的作用。图 8-134 所示为黑色在不

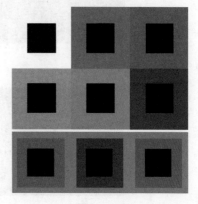

图 8-134

163

同底色下的配色效果。

　　自然色中不存在绝对的黑色，在有光的条件下，黑色吸收大部分色光，因而明视度较差。图 8-135
和图 8-136 所示为黑色系列的网页配色参考图。

图 8-135

图 8-136

8.7.2　黑色页面设计案例——旅行页面

案例综述

　　本例我们制作儿童秋装上衣的宣传海报，创意很好：使用黑板报的形式制作出秋装促销海报，主题鲜明，使人很自然地想到学生；文字的制作使用粉笔底纹素材，制作出粉笔字的效果，并选用了比较卡通的字体，和主题相呼应，如图 8-137 所示。

图 8-137

操作步骤

1. 制作背景

Step 01 新建文档　新建空白文档，在"新建"对话框中设置参数，如图 8-138 所示。

Step 02 添加背景　执行"打开"命令，在弹出的对话框中选择"黑板"素材文件导入，如图 8-139 所示。

图 8-138

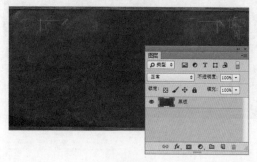

图 8-139

Step 03 添加装饰素材　继续执行"打开"命令，在弹出的对话框中选择"黑板装饰"素材文件导入，如图 8-140 所示。

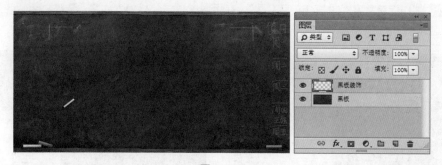

图 8-140

2. 添加文字

Step 01 添加主体文字　单击"文字工具"，在页面上单击输入文字，设置文字颜色为黑色，添加描边图层样式，设置描边颜色为白色，如图 8-141 所示。

Step 02 添加底纹素材　执行"打开"命令，在弹出的对话框中选择"底纹"素材文件打开，如图 8-142 所示。

图 8-141

图 8-142

Step03 创建剪贴蒙版　选中"底纹"图层，右击，在弹出的快捷菜单中选择"创建剪贴蒙版"命令，如图 8-143 所示。

Step04 创建英文文字　使用同样的方法制作页面顶部的英文文字，如图 8-144 所示。

图 8-143

图 8-144

Step05 绘制虚线　单击"文字工具"，在主体文字下方按键盘上的"-"键输入虚线，如图 8-145 所示。

Step06 制作促销文字　单击"文字工具"，在页面上单击鼠标输入文字，设置文字颜色为白色，设置字体和字号，如图 8-146 所示。

图 8-145

图 8-146

Step07 编辑促销文字　单击"文字工具"，选择"5 折"文字，设置字体样式为"Bold"，设置"5"字号为 20 点，设置文字颜色为青黄色，如图 8-147 所示。

Step 08 继续添加文字　按照同样的方法制作出下方的两组文字，如图 8-148 所示。

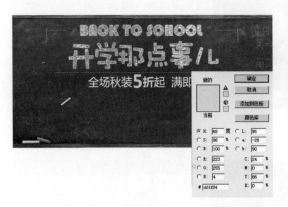

图 8-147

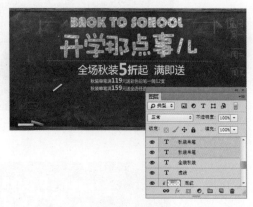

图 8-148

Step 09 添加对勾素材　执行"打开"命令，在弹出的对话框中选择"对勾"素材文件导入，如图 8-149 所示。

图 8-149

Step 10 添加白色衣服素材　继续执行"打开"命令，在弹出的对话框中选择"黑色衣服"素材文件导入，并为其添加"投影"，如图 8-150 所示。

图 8-150

Step 11 添加其他衣服素材　使用相同的方法添加其他 3 组衣服到页面中，此时页面效果如图 8-151 所示。

Step 12 添加英文文字　单击"文字工具"，在页面中单击输入英文，设置文字颜色为白色，并设置文字字体和字号，如图 8-152 所示。

图 8-151

图 8-152

3. 创建详情点击

Step 01 创建圆角矩形　单击"圆角矩形工具"，在页面上绘制圆角矩形，设置填充颜色为黄色，并为其添加红色投影，如图 8-153 所示。

图 8-153

Step 02 添加文字　单击"文字工具"，在页面中输入"详情点击"文字，设置文字颜色为深红色，如图 8-154 所示。

图 8-154

Step 03 制作箭头　单击"钢笔工具"，在页面中绘制箭头闭合路径，设置填充颜色为白色，如图 8-155 所示。

图 8–155

Step04 添加底纹　打开"底纹"素材文件，选择该图层，右击选择"创建剪贴蒙版"选项，如图 8-156 所示。

图 8–156

第**9**章

网页配色设计经典案例：行业

第 8 章我们学习了各种色系的配色技巧和相关案例，本章将综合各个行业的网页广告版式设计来学习网页制作技巧。

9.1 庆典网页配色设计

案例综述

本例是一则关于年货的促销广告，在制作中通过火红喜气的窗花来表现出过年的欢快与热闹。在广告语中，通过具有感召力的语言"新年不打烊年货先回家"来吸引消费者，如图 9-1 所示。

图 9-1

操作步骤

1. 制作背景

Step01 新建文档 执行"文件"→"新建"命令（快捷键 Ctrl+N），在弹出的"新建"对话框中设置参数，如图 9-2 所示。

Step02 纯色背景的制作 新建图层后将前景色设置为黄色，按快捷键 Alt+Delete 进行填充即可，如图 9-3 所示。

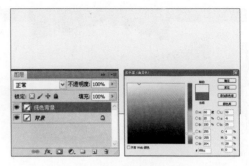

图 9-2 图 9-3

2. 装饰性素材的添加

Step 01 花纹素材的添加 执行"文件"→"打开"命令，在弹出的"打开"对话框中选择"花纹 素材 .png"文件，单击将其拖曳到页面之上并调整其位置，如图 9-4 所示。

Step 02 颜色叠加的应用 在"图层"面板中，单击"添加图层样式"按钮，在弹出的下拉列表中选择"颜色叠加"选项，在弹出的"图层样式"对话框中对其参数进行设置，如图 9-5 所示。

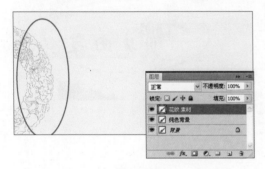

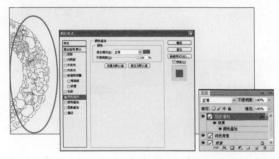

图 9-4 图 9-5

Step 03 复制花纹素材并作颜色叠加的处理 复制"花纹 素材"后调整其在页面中的位置，通过添加图层样式的方式进行颜色叠加的应用，如图 9-6 所示。

Step 04 边线素材的添加 执行"文件"→"打开"命令，在弹出的"打开"对话框中选择"边线 素材 .png"文件，单击将其拖曳到页面之上并调整其位置，如图 9-7 所示。

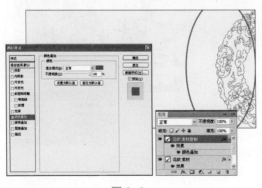

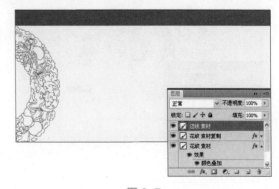

图 9-6 图 9-7

Step 05 吊旗素材的添加 按照上述方式继续进行"吊旗 素材"的添加，如图 9-8 所示。

Step 06 祥云素材的添加 按照上述方式继续进行"祥云 素材"的添加，如图 9-9 所示。

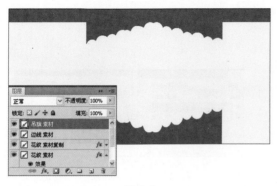

图 9-8

图 9-9

Step 07 条纹素材的添加　按照上述方式继续进行"条纹 素材"的添加，如图 9-10 所示。

Step 08 文字素材的添加　按照上述方式继续进行"文字 素材"的添加，如图 9-11 所示。

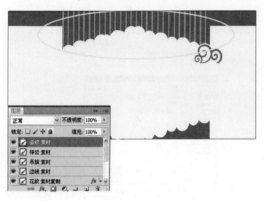

图 9-10

图 9-11

Step 09 蛇纹素材的添加　按照上述方式继续进行"蛇纹 素材"的添加，如图 9-12 所示。

Step 10 花纹素材的添加　按照上述方式继续进行"花纹 素材"的添加，如图 9-13 所示。

图 9-12

图 9-13

Step 11 印章素材的添加　按照上述方式继续进行"印章 素材"的添加，如图 9-14 所示。

Step 12 灯笼素材的添加　按照上述方式继续进行"灯笼 素材"和"灯笼 素材 2"的添加，如图 9-15 所示。

Step13 人像素材的添加及复制 按照上述方式继续进行"人像 素材"的添加，并对其进行复制，如图 9-16 所示。

Step14 灯笼素材 3 的添加 按照上述方式继续进行"灯笼 素材 3"的添加，如图 9-17 所示。

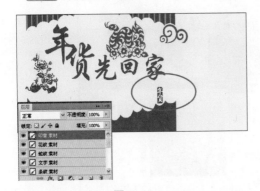

图 9-14

图 9-15

图 9-16

图 9-17

Step15 灯笼素材 3 的复制 按快捷键 Ctrl+J 复制图层后将其调整至页面合适的位置，如图 9-18 所示。

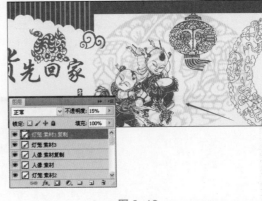

图 9-18

3. 文字效果的制作

Step01 制作"新年不打烊"文字 单击工具箱中的"文字工具"按钮，在页面中绘制文本框并输入对应文字内容。执行"窗口"→"字符"命令，在弹出的"字符"面板中对其参数进行设置，如图 9-19 所示。

Step02 制作"喜气洋洋过大年"文字 按照上述方式继续进行文字效果的制作，如图 9-20 所示。

图 9-19

图 9-20

图 9-21

9.2 服饰网页配色设计

案例综述

本例是一则关于服饰搭配的宣传广告，在制作中选择湖蓝作为主色调，更能凸显出该品牌服饰简洁、青春的特点。在素材的搭配上以可爱的手绘素材为主，配合大量白色的广告文字，使最终的画面看起来活泼可爱，又不失本身的简洁与素雅，如图 9-21 所示。

操作步骤

1. 制作背景

Step01 新建文档 执行"文件"→"新建"命令（快捷键 **Ctrl+N**），在弹出的"新建"对话框中设置参数，如图 9-22 所示。

Step02 纯色背景的制作 新建图层后将前景色设置为绿色，按快捷键 **Alt+Delete** 进行填充即可，如图 9-23 所示。

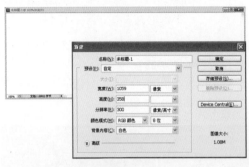

图 9-22

图 9-23

2. 装饰性素材的添加

Step01 三角形色块的制作 新建图层后用"钢笔工具"在页面上勾勒出三角形的闭合路径后转换为选区，将前景色设置为绿色后按快捷键 **Alt+Delete** 填充即可，如图 9-24 所示。

Step02 矩形色块的制作 新建图层后用"矩形选框工具"在页面上绘制出矩形选区，将前景色设置为绿色后按快捷键 **Alt+Delete** 填充即可，如图 9-25 所示。

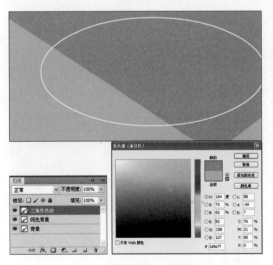

图 9-24

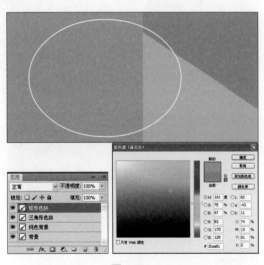

图 9-25

Step03 口红素材的添加 执行"文件"→"打开"命令，在弹出的"打开"对话框中选择"口红 素材 .png"文件，单击将其拖曳到页面之上并调整其位置，如图 9-26 所示。

Step04 鞋子素材的添加 执行"文件"→"打开"命令，在弹出的"打开"对话框中选择"鞋子 素材 .png"文件，单击将其拖曳到页面之上并调整其位置，如图 9-27 所示。

图 9-26   图 9-27

Step 05 衣服素材的添加   执行"文件"→"打开"命令,在弹出的"打开"对话框中选择"衣服 素材 .png"文件,单击将其拖曳到页面之上并调整其位置,如图 9-28 所示。

Step 06 手套素材的添加   执行"文件"→"打开"命令,在弹出的"打开"对话框中选择"手套 素材 .png"文件,单击将其拖曳到页面之上并调整其位置,如图 9-29 所示。

 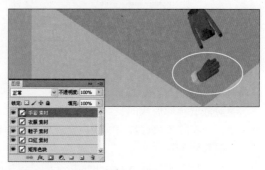

图 9-28   图 9-29

Step 07 包包素材的添加   执行"文件"→"打开"命令,在弹出的"打开"对话框中选择"包包 素材 .png"文件,单击将其拖曳到页面之上并调整其位置,如图 9-30 所示。

Step 08 水杯素材的添加   执行"文件"→"打开"命令,在弹出的"打开"对话框中选择"水杯 素材 .png"文件,单击将其拖曳到页面之上并调整其位置,如图 9-31 所示。

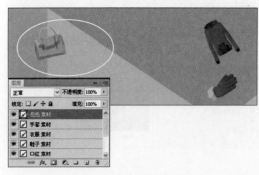 

图 9-30   图 9-31

Step 09 标牌素材的添加   按照上述方式将标牌素材继续添加到页面上,如图 9-32 所示。

Step 10 人像素材的添加   将"人像素材"添加到页面上,再通过添加图层蒙版并结合"画笔工具"的使用擦出画面中不需要作用的部分即可,如图 9-33 所示。

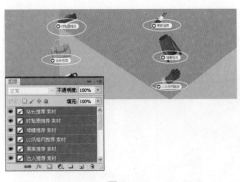

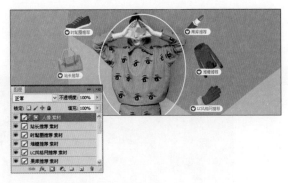

图 9-32　　　　　　　　　　　　　　　　　　　　图 9-33

Step 11 特效的制作　单击"图层"面板下方的"创建新的填充或者调整图层"按钮，在弹出的下拉列表中分别选择"投影"和"内阴影"选项，对其参数进行设置，如图 9-34 所示。

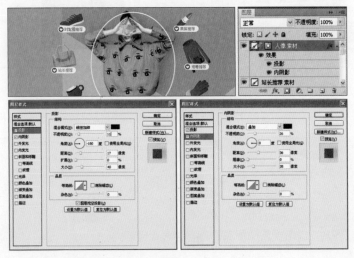

图 9-34

Step 12 网纹素材的添加　执行"文件"→"打开"命令，在弹出的"打开"对话框中选择"网纹 素材 .png"文件，单击将其拖曳到页面之上并调整其位置，如图 9-35 所示。

Step 13 文字素材的添加　执行"文件"→"打开"命令，在弹出的"打开"对话框中选择"文字 素材 .png"文件，单击将其拖曳到页面之上并调整其位置，如图 9-36 所示。

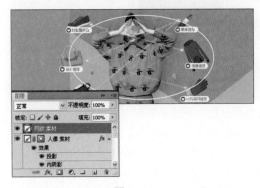

图 9-35　　　　　　　　　　　　　　　　　　　　图 9-36

3. 文字制作及色调的调整

Step01 文字素材的添加　单击工具箱中的"文字工具"按钮，在页面中绘制文本框并输入对应文字。执行"窗口"→"字符"命令，在弹出的"字符"面板中对其参数进行设置，如图9-37所示。

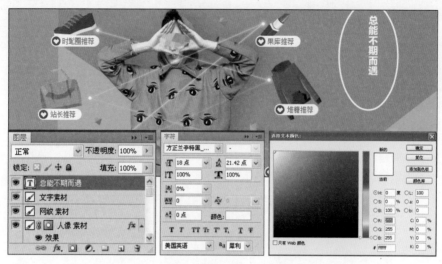

图 9-37

Step02 制作"惊喜"文字　按照上述方式继续进行文字效果的制作，如图9-38所示。

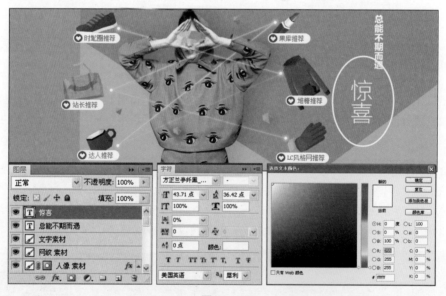

图 9-38

Step03 制作"精选优质新鲜的"文字　按照上述方式继续进行文字效果的制作，如图9-39所示。

Step04 制作"奇葩分会场"文字　按照上述方式继续进行文字效果的制作，如图9-40所示。

Step05 制作"10000"文字　按照上述方式继续进行文字效果的制作，如图9-41所示。

Step06 制作"优站"文字　按照上述方式继续进行文字效果的制作，如图9-42所示。

Step07 制作"帮你挑"文字　按照上述方式继续进行文字效果的制作，如图9-43所示。

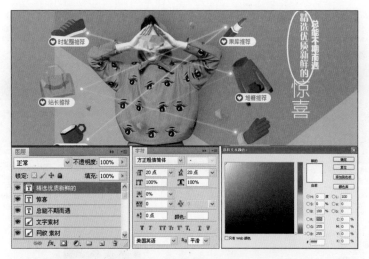

图 9-39

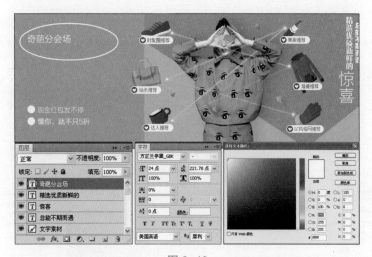

图 9-40

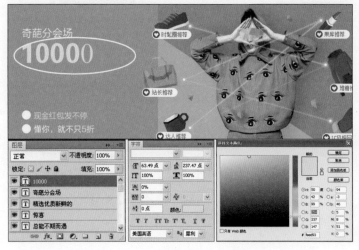

图 9-41

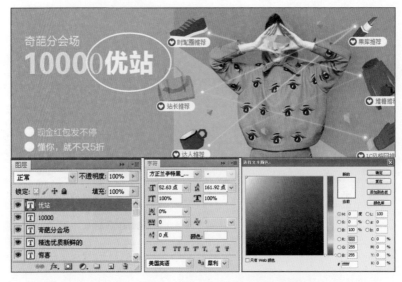

图 9-42

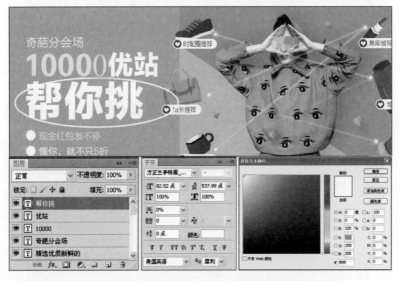

图 9-43

Step 08 色彩平衡的调整　单击"图层"面板下方的"创建新的填充或者调整图层"按钮，在弹出的下拉列表中选择"色彩平衡"选项，对其参数进行设置，如图 9-44 所示。

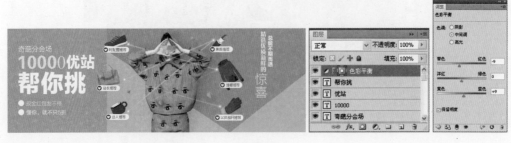

图 9-44

Step09 自然饱和度的调整　单击"图层"面板下方的"创建新的填充或者调整图层"按钮，在弹出的下拉列表中选择"自然饱和度"选项，对其参数进行设置，如图 9-45 所示。

图 9-45

Step10 亮度 / 对比度的调整　单击"图层"面板下方的"创建新的填充或者调整图层"按钮，在弹出的下拉列表中选择"亮度 / 对比度"选项，对其参数进行设置，如图 9-46 所示。

图 9-46

9.3 箱包网页配色设计

案例综述

本例是一则关于手提包的宣传页面，通过多样化色块的制作，以及产品本身素材的添加等使整体画面呈现出时尚、前卫的设计风格。本例通过彩色与黑白色系的巧妙搭配，使画面更加吸引消费者的眼球，如图 9-47 所示。

图 9-47

操作步骤

1. 制作背景

Step01 新建文档　执行"文件"→"新建"命令（快捷键 Ctrl+N），在弹出的"新建"对话框中设置参数，如图 9-48 所示。

Step02 背景素材的添加　执行"文件"→"打开"命令，在弹出的"打开"对话框中选择"背景 素材 .JPG"文件，单击将其拖曳到页面之上并调整其位置，如图 9-49 所示。

2. 装饰性素材的添加

Step01 三角形色块的制作　新建图层后用"钢笔工具"在页面上勾勒出三角形闭合路径，转换成选区后将前景色设置为深灰色，按快捷键 Alt+Delete 进行填充即可，如图 9-50 所示。

图 9-48

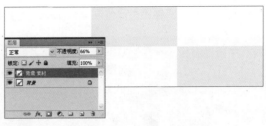

图 9-49

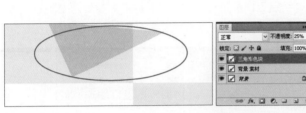

图 9-50

Step 02 三角形色块 2 的制作　新建图层后用"钢笔工具"在页面上勾勒出三角形闭合路径，转换成选区后将前景色设置为红色，按快捷键 Alt+Delete 进行填充即可，如图 9-51 所示。

图 9-51

Step 03 斜面和浮雕效果的制作　在"图层"面板中，单击"添加图层样式"按钮，在弹出的下拉列表中选择"斜面和浮雕"选项，在弹出的"图层样式"对话框中对其参数进行设置，如图 9-52 所示。

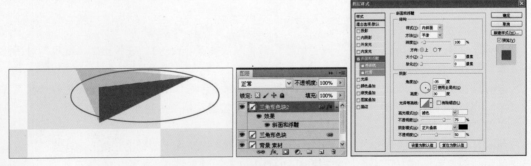

图 9-52

Step04 文字素材的添加　执行"文件"→"打开"命令，在弹出的"打开"对话框中选择"文字 素材 .png"文件，单击将其拖曳到页面之上并调整其位置，如图 9-53 所示。

Step05 包包素材的添加　执行"文件"→"打开"命令，在弹出的"打开"对话框中选择"包包 素材 .png"文件，单击将其拖曳到页面之上并调整其位置，如图 9-54 所示。

图 9-53

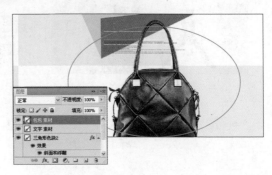

图 9-54

Step06 人像素材的添加　执行"文件"→"打开"命令，在弹出的"打开"对话框中选择"人像 素材 .png"文件，单击将其拖曳到页面之上并调整其位置，如图 9-55 所示。

Step07 人像素材 2 的添加　执行"文件"→"打开"命令，在弹出的"打开"对话框中选择"人像 素材 2.png"文件，单击将其拖曳到页面之上并调整其位置，如图 9-56 所示。

图 9-55

图 9-56

Step08 矩形色块的制作　新建图层后用"矩形选框工具"在页面上绘制出矩形的选区，将前景色设置为黄色后按快捷键 Alt+Delete 进行填充即可，如图 9-57 所示。

图 9-57

Step09 矩形色块 2 的制作　新建图层后用"矩形选框工具"在页面上绘制出矩形的选区，将前景色设置为粉红色后按快捷键 Alt+Delete 进行填充即可，如图 9-58 所示。

图 9–58

Step10 投影效果的制作　在"图层"面板中，单击"添加图层样式"按钮，在弹出的下拉列表中选择"投影"选项，在弹出的"图层样式"对话框中对其参数进行设置，如图 9-59 所示。

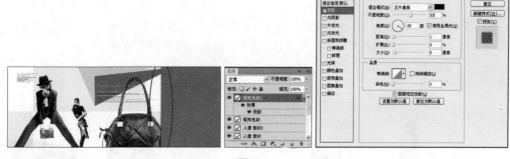

图 9–59

Step11 圆形色块的制作　新建图层后用"圆形选框工具"在页面上绘制出圆形的选区，将前景色设置为橘红色后按快捷键 Alt+Delete 进行填充即可，如图 9-60 所示。

图 9–60

3. 文字的制作及色调的调整

Step01 制作"7"文字　单击工具箱中的"文字工具"按钮，在页面中绘制文本框并输入对应文字。执行"窗口"→"字符"命令，在弹出的"字符"面板中对其参数进行设置，在文本框中输入相应的文字，如图 9-61 所示。

Step02 制作"折"文字　按照上述方式继续进行文字效果的制作，如图 9-62 所示。

Step03 制作"限时特惠"文字　按照上述方式继续进行文字效果的制作，如图 9-63 所示。

Step04 制作"早买早便宜"文字　按照上述方式继续进行文字效果的制作，如图 9-64 所示。

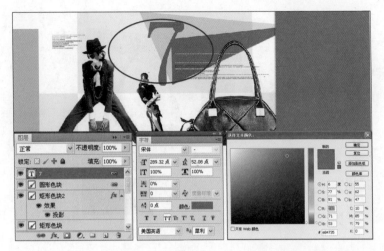

图 9-61

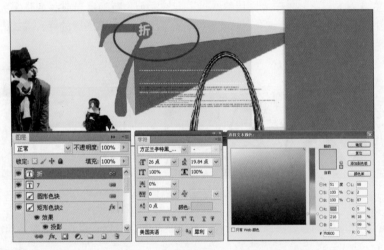

图 9-62

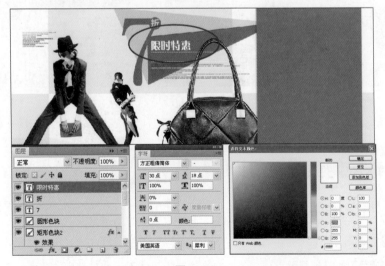

图 9-63

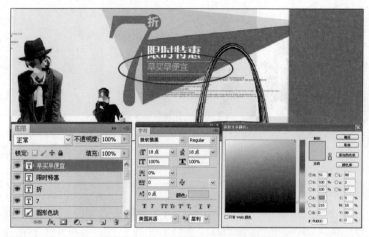

图 9-64

Step 05 渐变映射的应用　单击"图层"面板下方的"创建新的填充或者调整图层"按钮，在弹出的下拉列表中选择"渐变映射"选项，对其参数进行设置。在将该图层的混合模式更改为"柔光"、"不透明度"为 30%，如图 9-65 所示。

图 9-65

Step 06 自然饱和度的调整　按照上述方式对整体画面的自然饱和度进行调整，如图 9-66 所示。

图 9-66

9.4 珠宝网页配色设计

案例综述

　　本例是一则关于纳财貔貅的宣传广告，在制作中为了体现出翡翠特有的质地，在背景方面选择以绿色为主调，并添加少许有古典风格的素材，如墨迹、荷花等，使画面呈现出复古的效果，如图 9-67 所示。

图 9-67

操作步骤

1. 制作背景

Step01 新建文档　执行"文件"→"新建"命令（快捷键 Ctrl+N），在弹出的"新建"对话框中设置参数，如图 9-68 所示。

Step02 背景素材的添加　执行"文件"→"打开"命令，在弹出的"打开"对话框中选择"背景 素材 .png"文件，单击将其拖曳到页面之上并调整其位置，如图 9-69 所示。

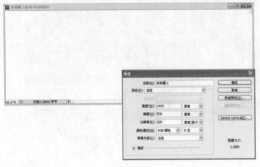

图 9-68

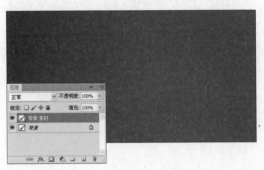

图 9-69

2. 装饰性素材添加

Step01 底纹素材的添加　按照上述方式继续进行"底纹 素材"的添加，通过添加图层蒙版并结合"画笔工具"的使用擦出底纹素材需要显示的部分，如图 9-70 所示。

Step02 水墨素材的添加　执行"文件"→"打开"命令，在弹出的"打开"对话框中选择"水墨 素材 .png"文件，单击将其拖曳到页面之上并调整其位置，如图 9-71 所示。

图 9-70

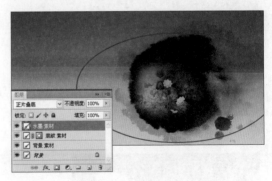

图 9-71

Step03 水墨素材 2 的添加　按照上述方式继续添加"水墨 素材 2"，通过添加图层蒙版并结合"画笔工具"的使用擦出素材中需要显示的部分，如图 9-72 所示。

Step04 荷叶素材的添加　按照上述方式继续添加"荷叶 素材"，如图 9-73 所示。

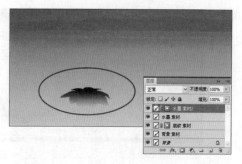

图 9-72

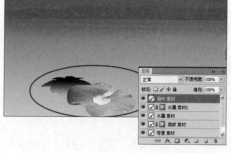

图 9-73

Step05 飞鸟素材的添加　按照上述方式继续添加"飞鸟 素材"，如图 9-74 所示。

Step06 荷花素材的添加　按照上述方式继续进行"荷花 素材"的添加，如图 9-75 所示。

图 9-74

图 9-75

图 9-76

Step07 荷花素材 2 的添加　按照上述方式继续进行"荷花 素材 2"的添加，如图 9-76 所示。

Step08 翡翠貔貅素材的添加　按照上述方式继续进行"翡翠貔貅 素材"的添加。在"图层"面板中，单击"添加图层样式"按钮，在弹出的下拉列表中选择"投影"选项，在弹出的"图层样式"对话框中对其参数进行设置，如图 9-77 所示。

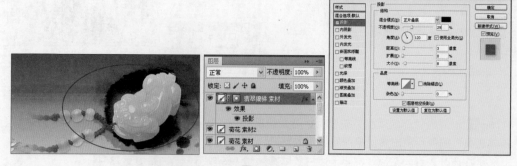

图 9-77

Step 09 白色线条的制作　新建图层后用"矩形选框工具"在页面上绘制出线条的选区，将前景色设置为白色后按快捷键 Alt+Delete 进行填充即可，如图 9-78 所示。

3. 文字效果的制作

Step 01 制作"翡"文字　单击工具箱中的"文字工具"按钮，在页面中绘制文本框并输入对应文字内容。执行"窗口"→"字符"命令，在弹出的"字符"面板中对其参数进行设置，如图 9-79 所示。

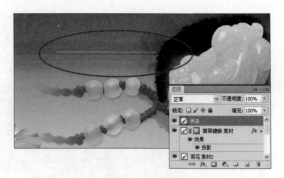

图 9-78

图 9-79

Step 02 投影效果的制作　在"图层"面板中，单击"添加图层样式"按钮，在弹出的下拉列表中选择"投影"选项，在弹出的"图层样式"对话框中对其参数进行设置，如图 9-80 所示。

图 9-80

Step 03 制作"翠"文字　按照上述方式继续进行文字效果的制作，如图 9-81 所示。

Step 04 投影效果的制作　按照上述方式继续对制作好的文字进行投影效果的处理，如图 9-82 所示。

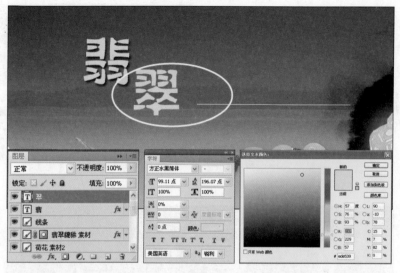

图 9-81

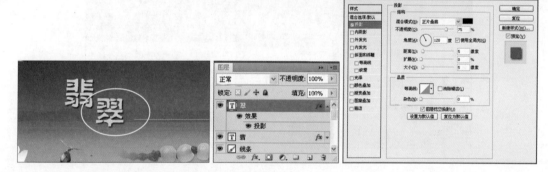

图 9-82

Step 05 制作"纳财貔貅"文字　按照上述方式继续进行文字效果的制作，如图 9-83 所示。

图 9-83

Step 06 投影效果的制作　按照上述方式继续对制作好的文字进行投影效果的处理，如图 9-84
所示。

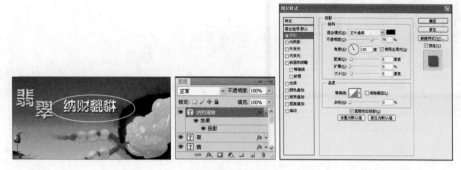

图 9-84

Step 07 制作说明文字　按照上述方式继续进行文字效果的制作，如图 9-85 所示。

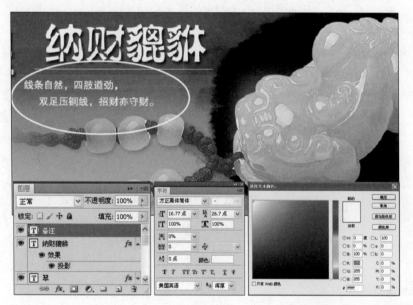

图 9-85

Step 08 投影效果的制作　按照上述方式继续对制作好的文字进行投影效果的处理，如图 9-86
所示。

图 9-86

图 9-87

9.5 调味品网页配色设计

案例综述

本例是一则关于调味品的宣传广告，在制作中首先选择了浅色作为背景色调，再通过种种调味品素材的添加、配以适当的文字效果，使整张画面简约而精致。需要注意的是，画面整体风格偏复古以及中式，因此在字体的选择上应与之相符，如图 9-87 所示。

操作步骤

1. 制作背景

Step01 新建文档　执行"文件"→"新建"命令（快捷键 Ctrl+N），在弹出的"新建"对话框中设置参数，如图 9-88 所示。

Step02 背景素材的添加　执行"文件"→"打开"命令，在弹出的"打开"对话框中选择"背景 素材 .png"文件，单击将其拖曳到页面之上并调整其位置，如图 9-89 所示。

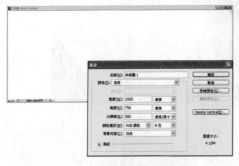

图 9-88

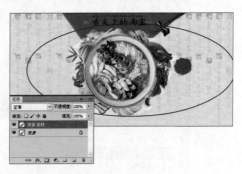

图 9-89

2. 装饰性素材的添加

Step01 标志素材的添加　执行"文件"→"打开"命令，在弹出的"打开"对话框中选择"标志 素材 .png"文件，单击将其拖曳到页面之上并调整其位置，如图 9-90 所示。

Step02 产品素材的添加　按照上述方式继续进行"产品 素材"的添加，如图 9-91 所示。

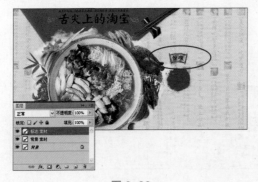

图 9-90

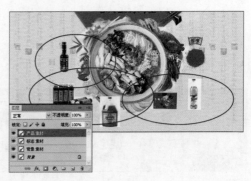

图 9-91

Step 03 印章素材的添加　按照上述方式继续进行"印章 素材"的添加，如图 9-92 所示。

Step 04 价格素材的添加　按照上述方式继续进行"价格 素材"的添加，如图 9-93 所示。

图 9-92

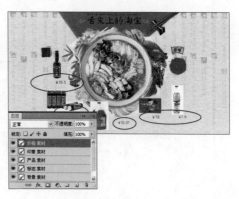

图 9-93

Step 05 吃货价素材的添加　按照上述方式继续进行"吃货价 素材"的添加，如图 9-94 所示。

图 9-94

3. 文字效果的制作

Step 01 制作"五味的调和"文字　单击工具箱中的"文字工具"按钮，在页面中绘制文本框并输入对应文字内容。执行"窗口"→"字符"命令，在弹出的"字符"面板中对其参数进行设置，如图 9-95 所示。

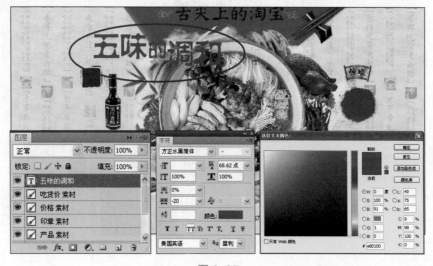

图 9-95

Step02 投影效果的制作 在"图层"面板中，单击"添加图层样式"按钮，在弹出的下拉列表中选择"投影"选项，在弹出的"图层样式"对话框中对其参数进行设置，如图 9-96 所示。

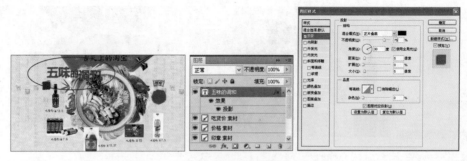

图 9-96

Step03 描边效果的制作 按照上述方式继续进行图层样式的添加，为文字制作出描边的效果，如图 9-97 所示。

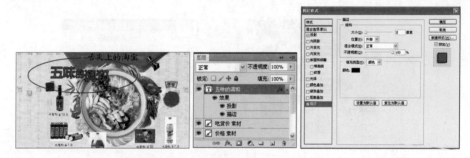

图 9-97

Step04 制作"醋"文字 单击工具箱中的"文字工具"按钮，在页面中绘制文本框并输入对应文字内容。执行"窗口"→"字符"命令，在弹出的"字符"面板中对其参数进行设置，如图 9-98 所示。

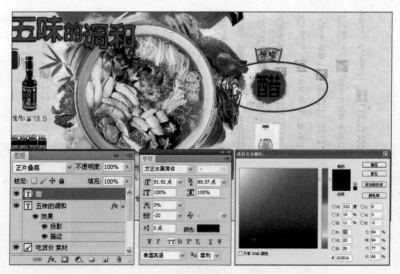

图 9-98

Step 05 制作"上榜香醋"文字 按照上述方式继续进行文字效果的制作，如图 9-99 所示。

图 9-99

Step 06 制作"五味之首"文字 按照上述方式继续进行文字效果的制作，如图 9-100 所示。

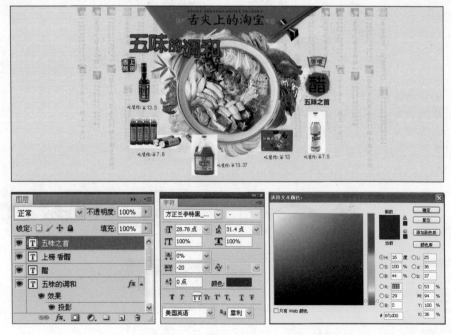

图 9-100

图 9-101

9.6 活动网页配色设计

案例综述

　　本例是一则关于春节产品促销的广告，在设计中通过大红灯笼、梅花等传统年俗素材的添加，使整体画面呈现出了欢乐喜庆的效果。在主体文字方面，通过大面积红色文字的添加，醒目地突出了该广告的主题，使消费者一目了然，如图 9-101 所示。

操作步骤

1. 制作背景

Step 01 新建文档　执行"文件"→"新建"命令（快捷键 Ctrl+N），在弹出的"新建"对话框中设置参数，如图 9-102 所示。

Step 02 背景素材的添加　执行"文件"→"打开"命令，在弹出的"打开"对话框中选择"背景 素材 .png"文件，单击将其拖曳到页面之上并调整其位置，如图 9-103 所示。

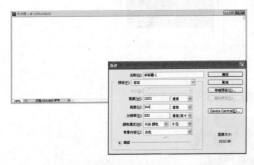

图 9-102

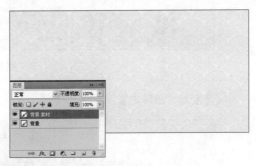

图 9-103

2. 装饰性素材的添加

Step 01 梅花素材的添加　执行"文件"→"打开"命令，在弹出的"打开"对话框中选择"梅花 素材 .png"文件，单击将其拖曳到页面之上并调整其位置，如图 9-104 所示。

Step 02 梅花素材 2 的添加　按照上述方式继续添加"梅花 素材 2"，并将该图层的"不透明度"调整为 79%，如图 9-105 所示。

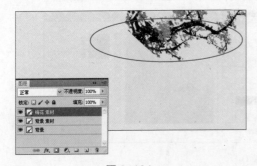

图 9-104

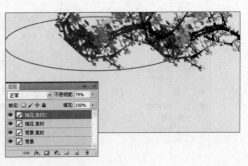

图 9-105

Step 03 梅花素材 3 的添加　按照上述方式继续添加"梅花 素材 3"，如图 9-106 所示。

Step 04 多边形色块的制作　新建图层后用"钢笔工具"勾勒出多边形闭合路径，转换为选区后将前景色设置为黄色，按快捷键 Alt+Delete 进行填充即可，如图 9-107 所示。

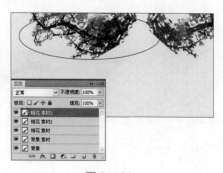

图 9-106

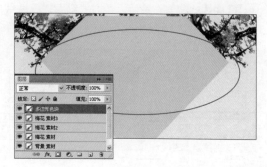

图 9-107

Step 05 边框素材的添加　执行"文件"→"打开"命令，在弹出的"打开"对话框中选择"边框 素材 .png"文件，单击将其拖曳到页面之上并调整其位置，如图 9-108 所示。

Step 06 曲线的调节　单击"图层"面板下方的"创建新的填充或者调整图层"按钮，在弹出的下拉列表中选择"曲线"选项，对其参数进行设置。再执行"图层"→"创建剪贴蒙版"命令，将所选图层置入目标图层中，如图 9-109 所示。

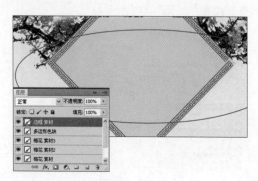

图 9-108

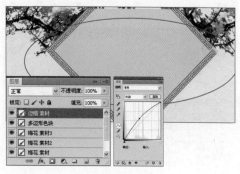

图 9-109

Step 07 底边素材的添加及特效的制作　按照上述方式添加"底边 素材"，在"图层"面板中，单击"添加图层样式"按钮，在弹出的下拉列表中选择"斜面和浮雕"选项，在弹出的"图层样式"对话框中对其参数进行设置，如图 9-110 所示。

Step 08 灯笼素材的添加　执行"文件"→"打开"命令，在弹出的"打开"对话框中选择"灯笼 素材 .png"文件，单击将其拖曳到页面之上并调整其位置，如图 9-111 所示。

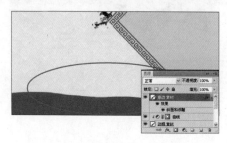

图 9-110

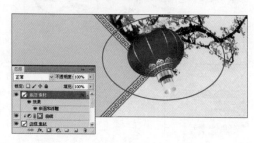

图 9-111

Step09 色相饱和度的调整 单击"图层"面板下方的"创建新的填充或者调整图层"按钮，在弹出的下拉列表中选择"色相饱和度"选项，对其参数进行设置。再执行"图层"→"创建剪贴蒙版"命令，将所选图层置入目标图层中，如图 9-112 所示。

Step10 曲线的调整 按照上述方式继续进行曲线的调整，并将调整图层置入目标图层中，如图 9-113 所示。

图 9-112   图 9-113

Step11 顶部装饰素材的添加 执行"文件"→"打开"命令，在弹出的"打开"对话框中选择"顶部装饰 素材 .png"文件，单击将其拖曳到页面之上并调整其位置，如图 9-114 所示。

Step12 文字素材的添加 执行"文件"→"打开"命令，在弹出的"打开"对话框中选择"文字 素材 .png"文件，单击将其拖曳到页面之上并调整其位置，如图 9-115 所示。

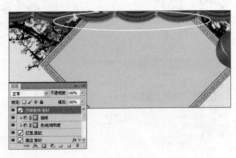 

图 9-114   图 9-115

Step13 文字素材 3 的添加 执行"文件"→"打开"命令，在弹出的"打开"对话框中选择"文字 素材 3.png"文件，单击将其拖曳到页面之上并调整其位置，如图 9-116 所示。

Step14 文字素材 4 的添加 执行"文件"→"打开"命令，在弹出的"打开"对话框中选择"文字 素材 4.png"文件，单击将其拖曳到页面之上并调整其位置，如图 9-117 所示。

图 9-116   图 9-117

Step15 矩形色块的制作　新建图层后用"矩形选框工具"在页面上绘制出矩形选区，将前景色设置为红色后按快捷键 Alt+Delete 进行填充即可，如图 9-118 所示。

Step16 圆形色块素材的添加　执行"文件"→"打开"命令，在弹出的"打开"对话框中选择"圆形色块 素材 .png"文件，单击将其拖曳到页面之上并调整其位置，如图 9-119 所示。

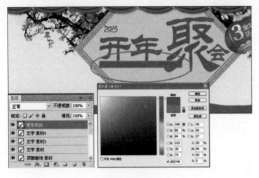

图 9-118　　　　　　　　　　　　　　　　　　　图 9-119

Step17 礼物素材的添加及投影效果的制作　添加"礼物 素材"后通过添加图层样式的方式为该素材制作出投影效果，如图 9-120 所示。

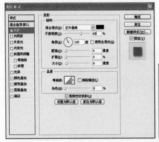

图 9-120

Step18 抱枕素材的添加及投影效果的制作　添加"抱枕 素材"后通过添加图层样式的方式为该素材制作出投影效果，如图 9-121 所示。

图 9-121

Step19 床上用品素材的添加　执行"文件"→"打开"命令，在弹出的"打开"对话框中选择"床上用品 素材 .png"文件，单击将其拖曳到页面之上并调整其位置，如图 9-122 所示。

Step20 价签素材的添加　执行"文件"→"打开"命令，在弹出的"打开"对话框中选择"价签 素材 .png"文件，单击将其拖曳到页面之上并调整其位置，如图 9-123 所示。

图 9-122

图 9-123

图 9-124

Step 21 文字素材 2 的添加　执行"文件"→"打开"命令，在弹出的"打开"对话框中选择"文字 素材 2.png"文件，单击将其拖曳到页面之上并调整其位置，如图 9-124 所示。

3. 文字效果的制作

Step 01 制作"38"文字　单击工具箱中的"文字工具"按钮，在页面中绘制文本框并输入对应文字内容。执行"窗口"→"字符"命令，在弹出的"字符"面板中对其参数进行设置，如图 9-125 所示。

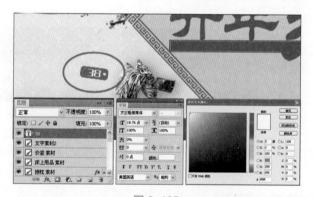

图 9-125

Step 02 制作"649"文字　按照上述方式继续进行文字效果的制作，如图 9-126 所示。

图 9-126

Step03 制作"统统包邮"文字　按照上述方式继续进行文字效果的制作，如图 9-127 所示。

图 9-127

Step04 制作"全场所有商品"文字　按照上述方式继续进行文字效果的制作，如图 9-128 所示。

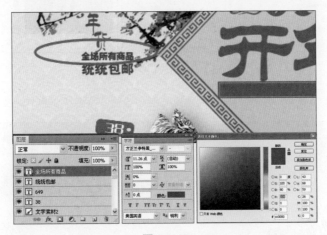

图 9-128

Step05 制作"5 包到家"文字　按照上述方式继续进行文字效果的制作，如图 9-129 所示。

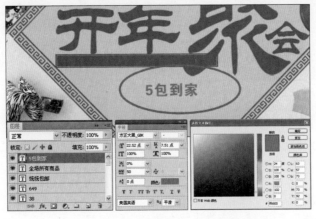

图 9-129

Step 06 制作"包物流"文字　按照上述方式继续进行文字效果的制作，如图 9-130 所示。

图 9-130

Step 07 制作"活动时间"文字　按照上述方式继续进行文字效果的制作，如图 9-131 所示。

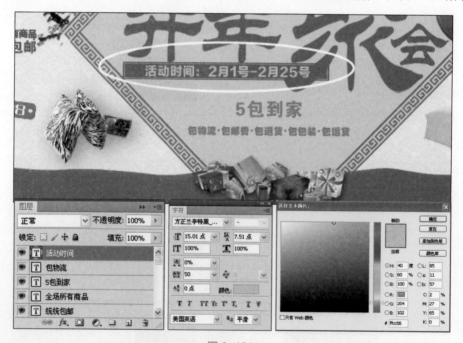

图 9-131

Step 08 曲线的调整　单击"图层"面板下方的"创建新的填充或者调整图层"按钮，在弹出的下拉列表中选择"曲线"选项，对其参数进行设置，如图 9-132 所示。

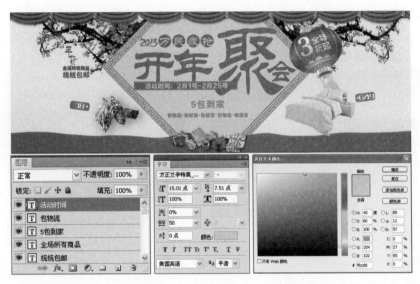

图 9-132

9.7 玩具网页配色设计

本例主要讲的是毛绒玩具的创意广告，案例主色调为土黄色，文字的制作比较随性大胆，毛绒玩具可爱逗笑；配合素材的使用，把握好素材的先后顺序和摆放位置，调整图层样式和不透明度，最终完成案例的制作，如图 9-133 所示。

图 9-133

操作步骤

1. 制作背景、添加素材

Step01 新建文档　新建空白文档，在"新建"对话框中设置参数，如图 9-134 所示。

Step02 添加背景 1 素材　执行"文件"→"打开"命令，在弹出的对话框中选择"背景 1"素材导入放置在页面中，设置不透明度为 65%，如图 9-135 所示。

图 9-134　　　　　　　　　　　图 9-135

Step03 添加背景 2 素材　继续执行"文件"→"打开"命令，在弹出的对话框中选择"背景 2"素材导入放置在页面中，如图 9-136 所示。

Step04 添加人物素材　再次执行"文件"→"打开"命令，在弹出的对话框中选择"人物 1"和"人物 2"导入，设置人物 1 图层样式为"叠加"、不透明度为 33%，人物 2 不透明度为 27%，如图 9-137 所示。

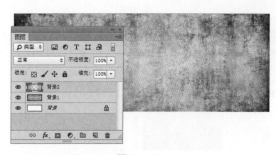
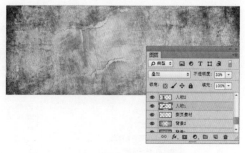

图 9-136　　　　　　　　　　　　　　　　　图 9-137

2. 添加文字

Step01 添加装饰文字　单击"文字工具"，在页面中输入文字，设置文字颜色为黑色，对文字进行适当的旋转，如图 9-138 所示。

Step02 添加撕页素材　执行"文件"→"打开"命令，在弹出的对话框中选择"撕页素材"导入，设置图层样式为"明度"，如图 9-139 所示。

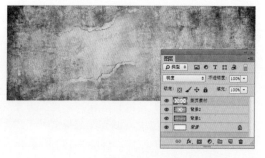

图 9-138　　　　　　　　　　　　　　　　　图 9-139

Step03 添加玩具素材　执行"文件"→"打开"命令，在弹出的对话框中选择"背景装饰"素材和四个毛绒玩具素材导入放置在页面上，如图 9-140 所示。

Step04 添加主体文字　继续使用"文字工具"，在页面中输入"酷"文字，设置文字颜色为黑色，对文字进行适当的旋转，如图 9-141 所示。

图 9-140　　　　　　　　　　　　　　　　　图 9-141

Step05 继续添加文字　通过上述介绍的方法制作出页面中的其他类似文字，如图 9-142 所示。

Step06 添加文字底纹素材　执行"文件"→"打开"命令，在弹出的对话框中选择"底纹素材"导入放置在页面中，如图 9-143 所示。

图 9-142　　　　　　　　　　　　　　　　　　图 9-143

Step07 设置图层样式　设置"底纹素材"的图层模式为"变亮"，"不透明度"为 86%，此时，页面效果如图 9-144 所示。

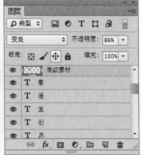

图 9-144

Step08 添加介绍文字　添加玩具的介绍文字，并为文字添加投影效果，案例最终效果如图 9-145 所示。

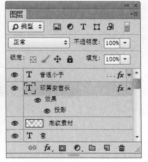

图 9-145

图 9-146

9.8 婚纱网页配色设计

案例综述

　　本例在婚纱宣传页面的设计中主要应用了素材的添加、文字的制作等手法，值得强调的是，融图技巧的应用使整体画面更加的唯美、灵动。本例通过添加图层蒙版并结合渐变工具的使用使婚纱素材与背景画面巧妙地结合到了一起，如图 9-146 所示。

操作步骤

1. 制作背景

Step01 新建空白文档并添加背景素材　新建空白文档后执行"文件"→"打开"命令，在弹出的"打开"对话框中选择"背景 素材 .jpg"文件，单击将其拖曳到页面之上并调整其位置，如图 9-147 所示。

图 9-147

Step02 婚纱素材的添加　按照上述方式添加"婚纱 素材 1"，单击"图层"面板下方的"添加图层蒙版"按钮，添加图层蒙版。单击工具箱中的"画笔工具"按钮，擦除图像不需要作用的部分，如图 9-148 所示。

Step03 继续添加婚纱素材　按照上述方式继续添加"婚纱素材 2"，通过图层添加蒙版并结合"画笔工具"的使用来擦除画面中不需要作用的部分，如图 9-149 所示。

图 9-148

图 9-149

Step04 花纹素材的添加　按照上述方式添加"花纹 素材"，如图 9-150 所示。

Step05 圆角矩形素材的添加　按照上述方式添加"圆角矩形 素材"，如图 9-151 所示。

图 9-150

图 9-151

Step 06 描边效果的制作　在"图层"面板中，单击"添加图层样式"按钮，在弹出的下拉列表中选择"描边"选项，在弹出的"图层样式"对话框中对其参数进行设置，如图 9-152 所示。

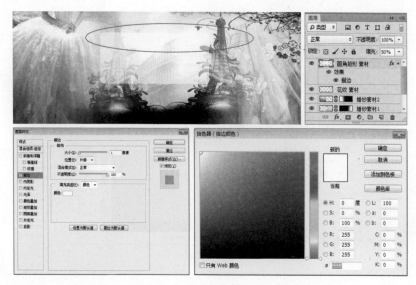

图 9-152

2. 制作文字效果并调整色调

Step 01 文字的制作　单击工具箱中的"文字工具"按钮，在页面中绘制文本框并输入对应文字。执行"窗口"→"字符"命令，在弹出的"字符"面板中对其参数进行设置，如图 9-153 所示。

图 9-153

Step 02 文字的制作　按照上述方式进行文字效果的制作，如图 9-154 所示。

Step 03 文字的制作　按照上述方式进行文字效果的制作，如图 9-155 所示。

图 9-154

图 9-155

Step04 文字的制作　按照上述方式进行文字效果的制作，如图 9-156 所示。

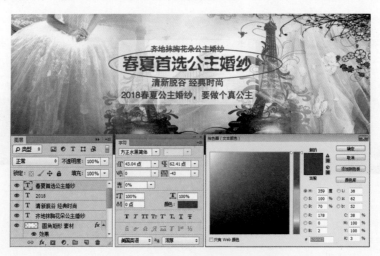

图 9-156

Step 05 曲线的调整 单击"图层"面板下方的"创建新的填充或者调整图层"按钮，在弹出的下拉列表中选择"曲线"选项，对其参数进行设置，如图 9-157 所示。

图 9-157

Step 06 亮度／对比度的调整 按照上述方式进行亮度／对比度的调整，如图 9-158 所示。

图 9-158

第10章

H5 手机网页整体设计

本章收录了 4 个不同风格的手机界面，包括安卓、苹果、微软以及极简风格界面。通过对本章的学习，读者不仅能对综合案例有一个整体的了解，还能学习到更高级的技术。

10.1 安卓手机整体页面设计

案例综述

安卓手机整体界面通过文字与图形的空间组合，表达出和谐与美。为了达到最佳的视觉表现效果，安卓设计者反复推敲整体布局的合理性，使浏览者有一个流畅的视觉体验。安卓手机界面不仅图标风格统一，整体的暗色调和机械化的设计也表现出了高科技的氛围，设计风格简约稳重，颜色鲜明，界面布局合理，如图 10-1 所示。

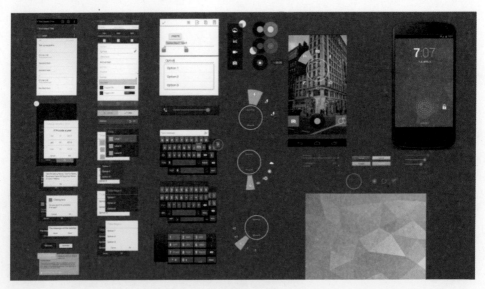

图 10-1

操作步骤

Step 01 新建文件　执行"文件"→"新建"命令，在弹出的"新建"对话框中，新建一个宽度和高度分别为 5000 像素 ×4850 像素的空白文档，完成后单击"确定"按钮。设前景色为灰色（R:57 G:57 B:57），按快捷键 Alt+Delete 填充颜色，如图 10-2 所示。

Step 02 绘制矩形　单击工具栏中的"矩形工具"按钮，在选项栏中选择工具的模式为"形状"，设置填充为黑色、灰色（R:144 G:144 B:144）和白色，分别绘制矩形，如图 10-3 所示。

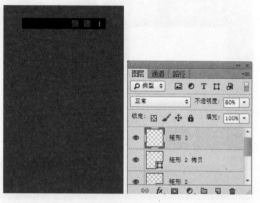

图 10-2　　　　　　　　　　　　　　　　　　　图 10-3

Step 03 绘制图标　单击工具栏中的"钢笔工具"按钮，在选项栏中选择工具的模式为"形状"，设置填充为白色，绘制形状。单击"横版文字工具"按钮，在选项栏中设置字体为 Roboto，字号为 8.1 点，颜色为绿色（R:153 G:204 B:0），输入文字，利用相似方法绘制更多效果，如图 10-4 所示。

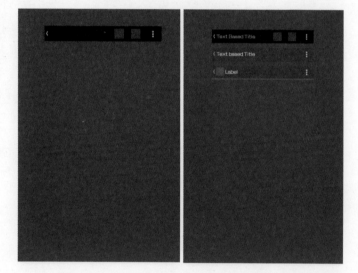

图 10-4

Step 04 绘制矩形　单击工具栏中的"矩形工具"按钮，在选项栏中选择工具的模式为"形状"，绘制矩形。单击"图层"面板下方的"添加图层样式"按钮，在弹出的下拉列表中选择"渐变叠加"选项，设置参数，添加渐变叠加，如图 10-5 所示。

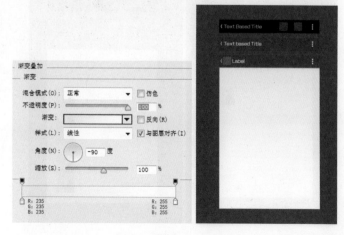

图 10-5

图 10-6

Step05 绘制分割线 单击工具栏中的"矩形工具"按钮，在选项栏中选择工具的模式为"形状"，设置填充为蓝色（R:51 G:181 B:229）、灰色（R:208 G:208 B:208），绘制矩形，添加文字，如图 10-6 所示。

图 10-7

Step06 绘制矩形 单击工具栏中的"矩形工具"按钮，在选项栏中选择工具的模式为"形状"，设置填充为蓝色（R:51 G:181 B:229），绘制矩形。再次单击工具栏中的"矩形工具"按钮，在选项栏中选择工具的模式为"形状"，设置填充为灰色（R:208 G:208 B:208），绘制矩形，如图 10-7 所示。

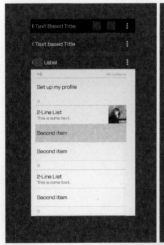 

图 10-8

Step07 导入素材 执行"文件"→"打开"命令，弹出"打开"对话框，选择素材文件打开，右击图层，在弹出的快捷菜单中选择"创建剪贴蒙板"命令，利用相似方法，制作其他效果，如图 10-8 所示。

Step 08 绘制矩形　单击工具栏中的"矩形工具"按钮，在选项栏中选择工具的模式为"形状"，设置填充为深灰色（R:51 G:51 B:51），绘制矩形。再次单击工具栏中的"矩形工具"按钮，在选项栏中选择工具的模式为"形状"，设置填充为灰色（R:208 G:208 B:208），蓝色（R:51 G:181 B:229），绘制矩形，如图 10-9 所示。

图 10-9

Step 09 添加文字　单击工具栏中的"钢笔工具"按钮，在选项栏中选择工具的模式为"形状"，设置填充为深灰色（R:99 G:98 B:98），设置图层的填充为 90%，添加文字，如图 10-10 所示。

图 10-10

Step 10 绘制矩形　单击工具栏中的"矩形工具"按钮，在选项栏中选择工具的模式为"形状"，绘制矩形。执行"文件"→"打开"命令，弹出"打开"对话框，选择素材文件打开，右击图层，在弹出的快捷菜单中选择"创建剪贴蒙板"命令，效果如图 10-11 所示。

图 10-11

图 10-12

图 10-13

图 10-14

Step 11 绘制矩形　单击工具栏中的"矩形工具"按钮，在选项栏中选择工具的模式为"形状"，设置填充为黑色，绘制矩形。再次单击工具栏中的"钢笔工具"按钮，在选项栏中选择工具的模式为"形状"，设置填充为灰色（R:139 G:139 B:139），绘制形状，如图 10-12 所示。

Step 12 绘制按钮　单击工具栏中的"椭圆工具"按钮，在选项栏中选择工具的模式为"形状"，设置填充为黑色，绘制椭圆，设置图层的填充为 60%。再次单击"椭圆工具"按钮，在选项栏中选择工具的模式为"形状"，设置填充为蓝色（R:80 G:180 B:228），绘制椭圆，如图 10-13 所示。

Step 13 绘制图标　单击工具栏中的"矩形工具"按钮，在选项栏中选择工具的模式为"形状"，设置填充为蓝色（R:50 G:180 B:228），绘制矩形，设置图层的填充为 60%。再次单击工具栏中的"钢笔工具"按钮，在选项栏中选择工具的模式为"形状"，设置填充为白色，绘制形状，如图 10-14 所示。

Step14 绘制椭圆　单击工具栏中的"椭圆工具"按钮，在选项栏中选择工具的模式为"形状"，设置填充为白色，利用矢量工具的加减法绘制圆环。再次单击工具栏中的"钢笔工具"按钮，在选项栏中选择工具的模式为"形状"，设置填充为绿色（R:0 G:255 B:0），绘制形状，如图 10-15 所示。

图 10-15

Step15 绘制图标　单击工具栏中的"钢笔工具"按钮，在选项栏中选择工具的模式为"形状"，设置填充为蓝色（R:50 G:180 B:228），绘制形状，设置图层的填充为 60%。再次单击工具栏中的"钢笔工具"按钮，在选项栏中选择工具的模式为"形状"，设置填充为白色，绘制形状，如图 10-16 所示。

图 10-16

Step16 更多效果　利用相似方法，绘制更多效果，如图 10-17 所示。

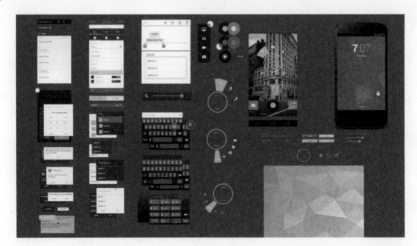

图 10-17

10.2 苹果手机整体页面设计

案例综述

　　苹果手机页面的扁平化设计是全新的图标界面设计，颠覆了以往的设计风格，更偏向于简约风格设计，给人一种非常大气的感觉。苹果手机的主界面更注重细节和风格统一，如图 10-18 所示。

图 10-18

操作步骤

　　Step01 新建文件　执行"文件"→"新建"命令，在弹出的"新建"对话框中，新建一个宽度和高度分别为 720 像素 ×1280 像素的空白文档，完成后单击"确定"按钮，如图 10-19 所示。

　　Step02 打开文件　执行"文件"→"打开"命令，在弹出的"打开"对话框中选择素材文件打开，按快捷键 Ctrl+T 自由变换素材图像大小，将素材移动到合适位置，按 Enter 键结束，如图 10-20 所示。

图 10-19　　　　　　　　　　　　　　　　　图 10-20

Step03 添加照片滤镜　单击"图层"面板下方的"创建新的填充或调整图层"按钮，在弹出的下拉快捷菜单中选择"照片滤镜"选项，弹出"属性"对话框，设置滤镜为黄、浓度为 40%，为背景素材添加黄色，如图 10-21 所示。

Step04 绘制上标　单击工具栏中的"矩形工具"按钮，在选项栏中选择工具的模式为"形状"，设置填充为黑色，在画面顶部绘制矩形，如图 10-22 所示。

图 10-21　　　　　　　　　　　　　　　　图 10-22

Step05 绘制信号图标　单击工具栏中的"钢笔工具"按钮，在选项栏中选择工具的模式为"形状"，设置填充为灰色（R:157 G:163 B:163），在画面右上方绘制三角形。再次单击"钢笔工具"按钮，在选项栏中选择"合并形状"选项，在三角形旁边绘制三个梯形，如图 10-23 所示。

图 10-23

Step06 绘制电池图标　单击工具栏中的"矩形工具"按钮，在选项栏中选择工具的模式为"形状"，设置填充为绿色（R:146 G:222 B:0），在信号图标右侧绘制矩形。再次单击"矩形工具"按钮，在选项栏中选择"合并形状"选项，在画面中绘制矩形，完成后添加文字，如图 10-24 所示。

图 10-24

Step07 绘制播放按钮　单击工具栏中的"椭圆工具"按钮，在选项栏中选择工具的模式为"形状"，设置填充为白色，在画面中央绘制正圆。再次单击"椭圆工具"按钮，在选项栏中选择"减去顶层形状"选项，在画面中绘制同心圆。单击"多边形工具"按钮，在选项栏中设置边为 3，取消勾选"星形"复选框，选择"合并形状"选项，在画面中绘制三角形，如图 10-25 所示。

Step 08 绘制悬浮旋钮　新建图层，设置图层的填充为 25%。单击工具栏中的"椭圆工具"按钮，在选项栏中选择工具的模式为"形状"，设置填充为白色，绘制正圆。再次单击工具栏中的"椭圆工具"按钮，在选项栏中选择"减去顶层形状"，在画面中绘制同心圆。单击"矩形工具"按钮，在选项栏中选择"减去顶层形状"选项，在画面中绘制"+"号形状，如图 10-26 所示。

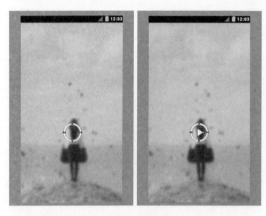

图 10-25

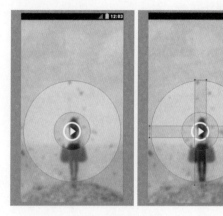

图 10-26

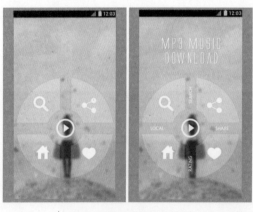

图 10-27

Step 09 最终效果　利用相似的矢量工具的加减法绘制更多图标，选择"横版文字工具"并输入文字，如图 10-27 所示。

Step 10 更多效果　利用相似方法绘制更多效果，如图 10-28 所示。

图 10-28

10.3　微软手机整体页面设计

案例综述

　　微软手机系统在视觉效果方面给人一种身临其境的感觉,让人们可以随时随地享受到想要的体验。微软手机系统具有桌面定制、图标拖曳、滑动控制等一系列前卫的操作体验。其主屏幕通过提供类似仪表盘的体验来显示新的电子邮件、短信、未接来电、日历约会等,对重要信息保持时刻更新,如图 10-29 所示。

图 10-29

操作步骤

　　Step01 新建文件　执行"文件"→"新建"命令,在弹出的"新建"对话框中,新建一个宽度和高度分别为 5000 像素 ×4850 像素的空白文档,完成后单击"确定"按钮。设前景色为灰色(R:234 G:237 B:231),按快捷键 Alt+Delete 填充颜色,如图 10-30 所示。

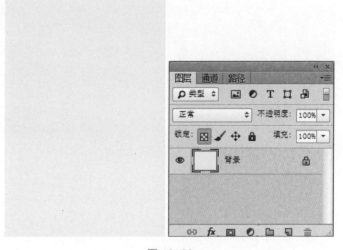

图 10-30

图 10-31

Step 02 绘制背景　单击工具栏中的"圆角矩形工具"按钮，在选项栏中选择工具的模式为"形状"，设置填充为白色，半径为 5 像素，绘制圆角矩形。单击"矩形工具"按钮，在选项栏中选择工具的模式为"形状"，设置填充为绿色（R:120 G:120 B:120），绘制矩形，如图 10-31 所示。

图 10-32

Step 03 绘制分割线　单击工具栏中的"钢笔工具"按钮，在选项栏中选择工具的模式为"形状"，设置填充为无，描边 1 点，颜色黑色，选择虚线，绘制直线。再次单击"钢笔工具"按钮，在选项栏中选择工具的模式为"形状"，设置填充为黑色，描边无，绘制直线，设置所有图层的填充为 20%，如图 10-32 所示。

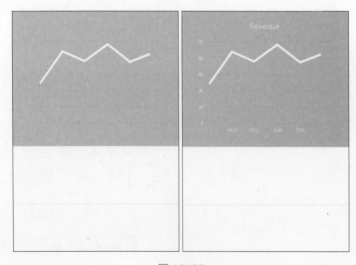

图 10-33

Step 04 绘制走势图　单击工具栏中的"钢笔工具"按钮，在选项栏中选择工具的模式为"形状"，设置填充为白色，绘制形状。单击"横版文字工具"按钮，在选项栏中设置字体为 Myriad Pro，字号为 11 点、18 点，颜色为白色，输入文字，如图 10-33 所示。

Step 05 绘制背景　单击工具栏中的"圆角矩形工具"按钮，在选项栏中选择工具的模式为"形状"，设置填充为灰色（R:234 G:237 B:241）、绿色（R:120 G:120 B:120），半径为 2 像素，绘制圆角矩形，添加文字，如图 10-34 所示。

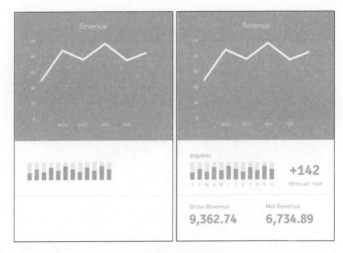

图 10-34

Step 06 绘制背景　单击工具栏中的"矩形工具"按钮，在选项栏中选择工具的模式为"形状"，设置填充为白色，绘制矩形。单击"钢笔工具"按钮，在选项栏中选择工具的模式为"形状"，设置填充为深灰色（R:50 G:58 B:69），绘制形状，如图 10-35 所示。

图 10-35

Step 07 绘制下标　单击工具栏中的"矩形工具"按钮，在选项栏中选择工具的模式为"形状"，设置填充为白色、灰色（R:50 G:58 B:69），绘制矩形。单击工具栏中的"钢笔工具"按钮，在选项栏中选择工具的模式为"形状"，设置填充为蓝色（R:20 G:185 B:214），绘制形状，添加文字。利用相似方法绘制其他效果，如图 10-36 所示。

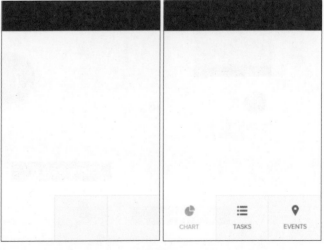

图 10-36

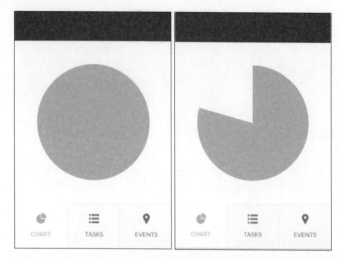

图 10-37

Step08 绘制进程图标　单击工具栏中的"椭圆工具"按钮，在选项栏中选择工具的模式为"形状"，设置填充为蓝色（R:20 G:185 B:214），绘制椭圆。单击工具栏中的"钢笔工具"按钮，在选项栏中选择工具的模式为"路径"，绘制路径，将路径转化为选区。单击"图层"面板下方的"添加矢量蒙版"按钮，添加蒙版，遮挡不需要的部分，如图 10-37 所示。

图 10-38

Step09 绘制进程图标　单击工具栏中的"椭圆工具"按钮，在选项栏中选择工具的模式为"形状"，设置填充为灰色（R:50 G:58 B:69），绘制椭圆。单击工具栏中的"横版文字工具"按钮，在选项栏中设置字体为 Signika，字号为 18 点、60 点、24 点，颜色为灰色（R:241 G:243 B:243），输入文字，如图 10-38 所示。

Step10 更多效果　利用相似方法绘制更多效果，如图 10-39 所示。

图 10-39

10.4 极简风格页面设计

案例综述

　　简洁、易用、友好、直观，这些词语经常被提及，但在执行过程中经常被遗忘。这是由软件功能的复杂性所导致的。一个复杂的界面会让用户不知如何操作。如果减少复杂的操作过程并精简操作界面，那该软件的用户体验就大大提升了。本例的目的是制作简洁、易用的界面。设计师采用蓝紫色和白色两个主色调，通过让所有界面风格都保持一致，做到了简洁。界面上扁平化又不失精致的图标，一目了然、简洁明了，做到了易用，如图 10-40 所示。

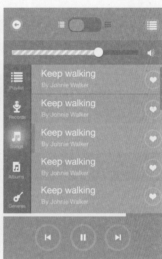

图 10-40

操作步骤

　　Step01 新建文件　执行"文件"→"新建"命令，在弹出的"新建"对话框中，新建一个宽度和高度分别为 1280 像素×1920 像素的空白文档，完成后单击"确定"按钮；单击"图层"面板下方的"添加图层样式"按钮，在弹出的下拉列表中选择"渐变叠加"选项，设置参数，添加渐变叠加，如图 10-41 所示。

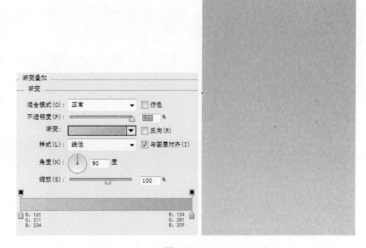

图 10-41

图 10-42

Step 02 绘制矩形 单击工具栏中的"矩形工具"按钮,在选项栏中选择工具的模式为"形状",设置填充为蓝色(R:93 G:131 B:152),绘制矩形。单击工具栏中的"画笔工具"按钮,在选项栏中选择"柔角画笔",设置填充为蓝色(R:99 G:137 B:158),绘制光斑,如图 10-42 所示。

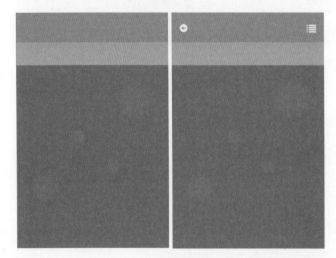

图 10-43

Step 03 绘制上标 单击工具栏中的"矩形工具"按钮,在选项栏中选择工具的模式为"形状",设置填充为蓝色(R:116 G:160 B:185),绘制矩形。单击工具栏中的"钢笔工具"按钮,在选项栏中选择工具的模式为"形状",设置填充为白色,绘制形状,如图 10-43 所示。

图 10-44

Step 04 添加描边 单击"图层"面板下方的"添加图层样式"按钮,在弹出的下拉列表中选择"描边"选项,设置参数,添加描边,添加文字,如图 10-44 所示。

Step05 绘制上标　单击工具栏中的"矩形工具"按钮，在选项栏中选择工具的模式为"形状"，设置填充为蓝色（R:107 G:148 B:171），绘制矩形。单击"圆角矩形工具"按钮，在选项栏中选择工具的模式为"形状"，设置填充为蓝色（R:89 G:128 B:147），半径10像素，绘制圆角矩形，如图10-45 所示。

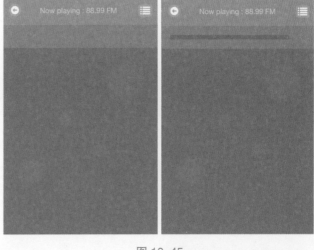

图 10-45

Step06 添加图案叠加　单击工具栏中的"圆角矩形工具"按钮，在选项栏中选择工具的模式为"形状"，设置填充为白色，半径 10 像素，绘制圆角矩形。单击"图层"面板下方的"添加图层样式"按钮，在弹出的下拉列表中选择"图案叠加"选项，设置参数，添加图案叠加，如图 10-46 所示。

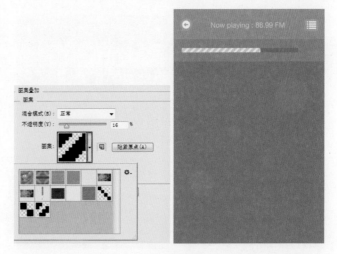

图 10-46

Step07 绘制图标　单击工具栏中的"椭圆工具"按钮，在选项栏中选择工具的模式为"形状"，设置填充为白色，绘制椭圆。单击工具栏中的"钢笔工具"按钮，在选项栏中选择工具的模式为"形状"，设置填充为白色，绘制形状，如图10-47 所示。

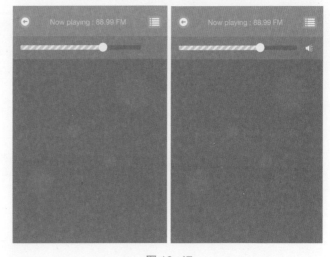

图 10-47

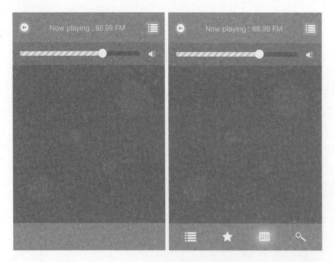

图 10-48

Step08 绘制下标　单击工具栏中的"矩形工具"按钮，在选项栏中选择工具的模式为"形状"，设置填充为蓝色（R:107 G:148 B:171），绘制矩形。单击工具栏中的"钢笔工具"按钮，在选项栏中选择工具的模式为"形状"，设置填充为白色，绘制形状，如图 10-48 所示。

图 10-49

Step09 绘制椭圆　单击工具栏中的"椭圆工具"按钮，在选项栏中选择工具的模式为"形状"，绘制椭圆，设置图层的填充为 0。单击"图层"面板下方的"添加图层样式"按钮，在弹出的下拉列表中选择"描边""内发光"选项，设置参数，添加描边、内发光，如图 10-49 所示。

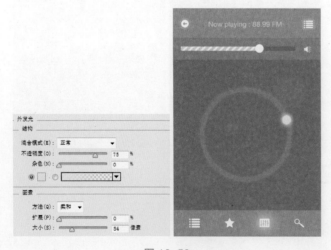

图 10-50

Step10 添加外发光　单击"图层"面板下方的"添加图层样式"按钮，在弹出的下拉列表中选择"外发光"选项，设置参数，添加外发光。利用相似方法绘制其他效果，如图 10-50 所示。

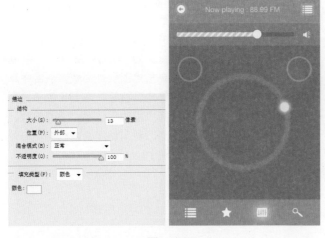

图 10-51

Step 11 绘制椭圆　单击工具栏中的"椭圆工具"按钮，在选项栏中选择工具的模式为"形状"，绘制椭圆。设置图层的填充为 0，单击"图层"面板下方的"添加图层样式"按钮，在弹出的下拉列表中选择"描边"选项，设置参数，添加描边。利用同样的方法绘制其他效果，如图 10-51 所示。

图 10-52

Step 12 添加文字　单击工具栏中的"横版文字工具"按钮，在选项栏中选择设置字体为 Fixedsys，字号为 170 点，颜色为白色、浅蓝色（R:165 G:187 B:198），输入文字，如图 10-52 所示。

Step 13 打开文件　执行"文件"→"打开"命令，弹出"打开"对话框，选择素材文件打开，如图 10-53 所示。

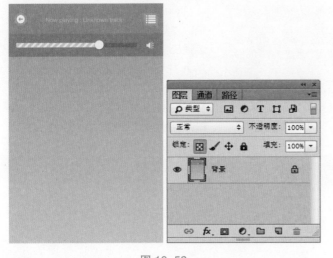

图 10-53

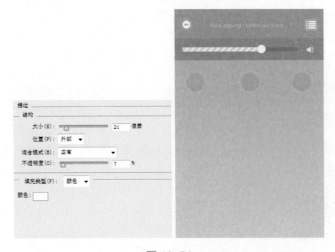

图 10-54

Step 14 添加描边　单击工具栏中的"椭圆工具"按钮，在选项栏中选择工具的模式为"形状"，设置填充为蓝色（R:134 G:179 B:204），绘制椭圆。单击"图层"面板下方的"添加图层样式"按钮，在弹出的下拉列表中选择"描边"选项，设置参数，添加描边。利用相同方法绘制更多效果，如图 10-54 所示。

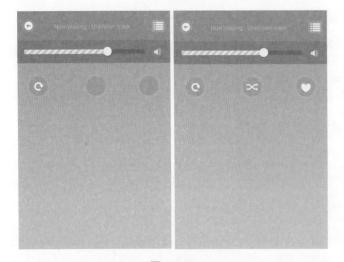

图 10-55

Step 15 绘制图标　单击工具栏中的"钢笔工具"按钮，在选项栏中选择工具的模式为"形状"，设置填充为白色，绘制形状。利用相同方法绘制更多效果，如图 10-55 所示。

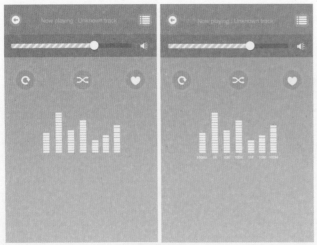

图 10-56

Step 16 绘制矩形　单击工具栏中的"矩形工具"按钮，在选项栏中选择工具的模式为"形状"，设置填充为白色，绘制矩形。单击工具栏中的"横版文字工具"按钮，在选项栏中选择设置字体为 Helvetica Neue Bold，字号为 30 点，颜色为白色，输入文字，如图 10-56 所示。

Step 17 绘制矩形　单击工具栏中的"矩形工具"按钮，在选项栏中选择工具的模式为"形状"，设置填充为蓝色（R:116 G:160 B:185），绘制矩形。单击工具栏中的"钢笔工具"按钮，在选项栏中选择工具的模式为"形状"，设置填充为白色，绘制形状，如图 10-57 所示。

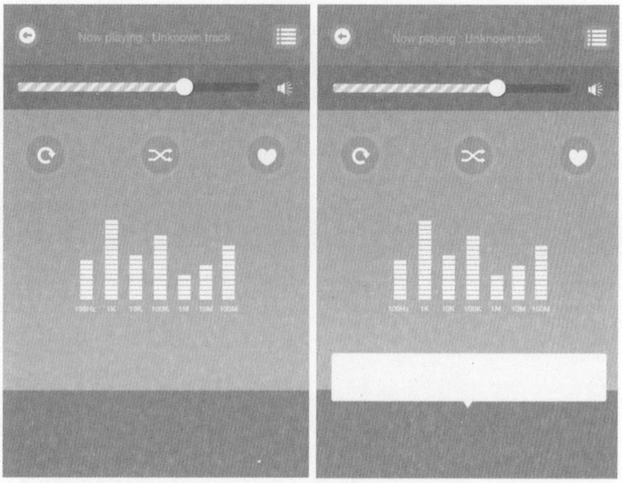

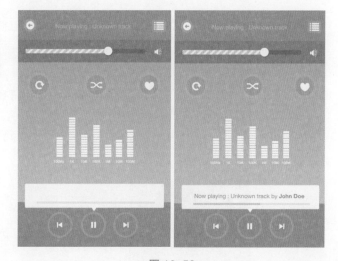

图 10-57

Step 18 绘制进度条　利用上述方法绘制按钮图标，单击工具栏中的"矩形工具"按钮，在选项栏中选择工具的模式为"形状"，设置填充为灰色（R:211 G:215 B:220）、蓝色（R:143 G:191 B:217），绘制矩形，添加文字，如图 10-58 所示。

图 10-58

Step 19 更多效果　利用相似方法绘制更多效果，如图 10-59 和图 10-60 所示。

图 10-59

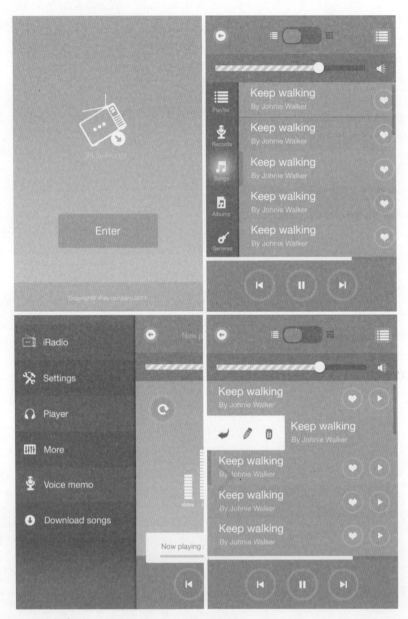

图 10-60